普通高等教育"十二五"规划教材

计算机辅助设计
——3ds Max 2013

主　编　王玉红
副主编　熊　炜

中国水利水电出版社
www.waterpub.com.cn

内 容 提 要

本书共分为 7 章，主要讲述了 3ds Max 2013 这个三维软件的操作及其在设计中的应用。本书内容涵盖了建模、材质、灯光、渲染等基础知识并结合了园林景观设计等方面的内容。每个章节后都有配套的案例教学及课堂练习作为教学参考。本书从基础入手，通过对软件基本操作及案例的讲解，使初学者的软件操作水平得以大幅提高，并具备一定的设计能力。

本书适合作为高等院校艺术类专业的基础教材，也可以供从事相关工作的从业人员参考。

图书在版编目（CIP）数据

计算机辅助设计：3ds Max 2013 / 王玉红主编. --
北京：中国水利水电出版社，2015.1
普通高等教育"十二五"规划教材
ISBN 978-7-5170-2908-3

Ⅰ．①计… Ⅱ．①王… Ⅲ．①三维动画软件－高等学
校－教材 Ⅳ．①TP391.41

中国版本图书馆CIP数据核字(2015)第020865号

书　　名	普通高等教育"十二五"规划教材 **计算机辅助设计——3ds Max 2013**	
作　　者	主　编　王玉红 副主编　熊　炜	
出版发行	中国水利水电出版社 （北京市海淀区玉渊潭南路 1 号 D 座　100038） 网址：www.waterpub.com.cn E-mail：sales@waterpub.com.cn 电话：（010）68367658（发行部）	
经　　售	北京科水图书销售中心（零售） 电话：（010）88383994、63202643、68545874 全国各地新华书店和相关出版物销售网点	
排　　版	北京零视点图文设计有限公司	
印　　刷	北京市北中印刷厂	
规　　格	184mm×260mm　16 开本　9.5 印张　232 千字	
版　　次	2015 年 1 月第 1 版　2015 年 1 月第 1 次印刷	
印　　数	0001—3000 册	
定　　价	**21.00 元**	

软件介绍

3ds Max 是一款集建模、材质、渲染、动画于一身的，强大的三维软件。其诸多的功能和人性化的软件设计被广泛应用于工业设计、游戏设计、动画设计、建筑设计等领域，在三维设计领域拥有最高的人气和用户群，受到国内外设计师和三维设计爱好者的青睐。

本书作为《计算机辅助园林设计》教材的再版教材，着重介绍了 3ds Max 2013 在三维设计中的应用，结合自身的教学实践和教学经验，本书更多的偏向于园林设计、建筑设计。

本书特色

● 基础入门

本书根据 3ds Max 2013 在三维设计工作中的流程，通过对软件基础知识的介绍和案例练习使学生快速上手。

● 针对性强

本书不仅全面的介绍了 3ds Max 2013 的使用方法，而且重点突出了其在园林设计、建筑设计、景观设计中的应用，使学生在学习软件的同时也接触到这些领域的专业知识。

● 易学易用

本书通过案例教学、课堂练习和综合练习等方法，详细的介绍了其在三维设计中的使用技巧，帮助学生掌握一些软件的操作技巧和设计方法。

本书内容

本书是一本全面介绍使用 3ds Max 2013 进行建模、材质、灯光、动画、渲染等操作的三维计算机辅助设计教材，共分为 7 章，主要侧重对 3ds Max 2013 软件的基础使用、室内外设计和园林景观设计的具体应用，为数字媒体、动画、视觉传达、广告、工业设计等专业服务。本书每章都有案例教学和课堂练习，案例教学对工具的使用方法和使用步骤进行了详细的讲解，课堂练习注重软件的使用技巧与艺术形式的结合，以启发式为主，在给予教师较大自由度的前提下，充分发挥学生的创作和学习能力。

本书由王玉红任主编，熊炜任副主编，参编人员有纪新蕾、昌佳、肖杰。本书在编写过程中得到了浙江农林大学领导的大力支持，在此一并表示感谢！

由于时间紧迫，在编写过程中存在许多不足，请有关专家和读者批评指正。

作者
2014 年 5 月

目 录

第 1 章　3ds Max 的基础知识

1.1　认　识　3ds Max

本章对 3ds Max 进行了简要的概述，对 3ds Max 相关的行业和相关的产品进行了介绍，引导读者加深对软件的认知程度，从而对软件的功能和特点有进一步的认识和掌握。逐步了解这一软件对本专业的作用，并掌握如何运用这一软件，从而借助该软件来表现设计构思。

1.1.1　什么是 3ds Max

3ds Max 是由 Autodesk 公司出品的，强大的三维动画设计软件，广泛应用于商业、教育、影视、娱乐、广告制作、建筑（装饰）设计、多媒体制作等领域。3ds Max 的雏形是运行在 DOS 系统下的 3DS，1996 年正式转形为 Windows 操作系统下的桌面程序，命名为 3D studio MAX。1996 年，Autodesk 公司将收购的 Discreet　Logic 公司和旗下的 Kinetix 公司合并，吸收了该公司的软件设计人员，并成立了 Discreet 多媒体分公司，专业致力于提供用于视觉效果、3D 动画、特效编辑、广播图形以及电影特技的系统和软件。2005 年 3 月 24 日，Autodesk 宣布将其下属分公司 Discreet 正式更名为 Autodesk 媒体与娱乐部，软件的名称也由原来的 Discreet 3ds Max 更名为 Autodesk 3ds Max。如图 1.1 所示。

3ds Max 2013 是 Autodesk 对 3ds Max 进行 XBR（神剑计划）的第二个版本。2013 版本拥有两个产品，一个是用于建筑、工业设计以及视觉效果制作的 Autodesk 3ds Max Design 2013，另一个是用于游戏以及影视制作的 3ds Max 2013 Entertainment。如图 1.2 所示为 3ds Max 2013 Entertainment 的启动界面。

图 1.1

图 1.2

3ds Max Design 2011 的升级，使用户在短时间内制作出高品质的动画，还可以更方便地进行渲染、角色动画、粒子等特效的制作。3ds Max 2013 版本中的 MassFX、Nitrous、iray 渲染器等有了突破性的改进，其神剑计划（XBR）的启动使用户产生了无限的遐想。

1.1.2 3ds Max 应用领域

3ds Max 是应用最广的三维设计软件，它能帮助三维设计师摆脱复杂制作的束缚，集中精力实现其创作理念，它主要应用于以下几个方面。

（1）游戏开发。3ds Max 是游戏产业中应用最广的三维动画制作软件，为游戏公司创造了巨大的效益。在游戏行业中，大多数游戏公司选择使用 3ds Max 制作角色模型、场景环境，这样可以最大程度地减少模型的面数，增强游戏的性能。除了建模外，为游戏角色设定动作和表情以及场景物理动画等，也都可以通过 3ds Max 来完成。如图 1.3 所示的游戏角色就是使用 3ds Max 完成的。

图 1.3

（2）影视制作。3ds Max 最常应用于影视动画行业，利用 3ds Max 可以为影视广告公司制作令人炫目的广告。3ds Max 制作的影视作品有立体感，写实能力强，表现力也非常强，能轻而易举的表现一些结构复杂的形体，并且产生惊人的真实效果。如图 1.4 所示的模型就是使用 3ds Max 软件制作的。

图 1.4

（3）工业造型设计。随着社会的发展，各种生活需求的扩大，以及人们对产品精密度、视觉效果要求的日益提高，工业设计已经逐步成为一个成熟的应用领域。3ds Max 在工业产品设计领域，如汽车、机械制造等行业，大都会使用 3ds Max 来为产品制作宣传动画，如图 1.5 所示为利用 3ds Max 完成的工业设计作品。

图 1.5

（4）建筑园林与室内设计。在国内建筑园林设计和室内表现行业中，有大量优秀的规划师和设计师都将 3ds Max 作为辅助设计和设计表现工具。熟练应用 3ds Max 已成为室内设计师和建筑设计师的基本要求，通过 3ds Max 来诠释设计作品，可产生更加强烈的视觉冲击效果，如图 1.6 所示为使用 3ds Max 完成的室内表现作品。

图 1.6

1.1.3　3ds Max 2013 新增功能

（1）在渲染方面。3ds Max 2013 提供了实时渲染功能，在制作过程中可以预览最终效果。另外，新版本还开发了有关真实衣物、毛发和人群的全新模拟工具，帮助用户创作出更为生动逼真的人物角色。2013 版增加了全新的创作工具集、交互性更强的视口和工作流程增强功能，强化了各个应用程序之间的交互操作性和一致性，更好的开展了协作、管理复杂数据，以及在工作流程中更高效地转移数据。

（2）Workflow　Updates 工作流程更新。工作流程的改进，新增的 Node Editor（节点编辑器）和 Alembic Caching（蒸馏器缓存）使用户的工作更加方便快捷。新版本完美地改进了 FBX 文件格式的输出，大大提高了软件之间的兼容性和文件导入/导出的准确性。Alembic Caching 可以导入/导出 Alembic 格式的文件。这是一个由 Sony Pictures Imageworks

和 Lucasfilm 共同开发的开源文件和交换格式。

（3）Nityous 加速图形核心。在新版本中，Autodesk 公司推出了 3ds Max 重建计划——神剑计划（XBR），这一具有革命性的计划将大幅提高软件的性能和设计作品的视觉效果，使用户享受到更流畅、更直观的工作流程。此外，Nityous 还提供了具备渲染质量的显示环境，可支持无限光、软阴影、屏幕空间环境光吸收、色调贴图和更高质量的透明度。它还可以在不影响场景变更的情况下对图像质量进行逐步改进，用户可以根据最终效果制定更出色的创意决策。

（4）材质的改进。3ds Max 2013 借助包含 80 种物质纹理的新素材库，可以更好的实现多种视觉效果的变化。

1.2　如何使用 3ds Max 2013

3ds Max 软件也具备打开、关闭、备份、存档等基础功能，但在三维领域具有其独特的优势，下面将从项目工作流程开始深入介绍这款软件的优势和特点。

1.2.1　了解项目工作流程

3ds Max 的主要工作流程分为建模、赋予材质、设置摄影机与灯光、创建场景动画、制作环境特效以及渲染出图等几步。根据工种的不同在流程上会有所删减，但制作顺序大致相同。

（1）建模。建模即创建模型，不论进行怎样的工作，都会有一个操作对象存在，创建操作对象的工序就是创建模型，简称建模。3ds Max 软件中有许多常用的基础模型供用户选择，为模型创建提供了便利。

（2）赋予材质。赋予材质是指为操作对象赋予物理质感。每个物体都有其物体特征，如金属、玻璃、皮毛等，鲜明的物体特性就体现在质感上。在 3ds Max 中使用"材质编辑器"可以调试出各种具有真实质感的材质，使模型的外观更加真实和形象。

（3）设置摄影机与灯光。3ds Max 提供了业界标准参数，可以精确实现与摄影机相匹配的功能。灯光选项则可以设置照射方向、照射强度，灯光颜色等，使模拟效果更加真实。在 3ds Max 中创建摄影机时，同样可以控制镜头的长度和视野并进行运动控制。

（4）创建场景动画。利用"自动关键点"功能可以记录场景中模型的移动、旋转比例变化甚至是外形的改变。当激活"自动关键点"功能时，场景中的任何变化都会被记录为动画过程。

（5）制作环境特效。3ds Max 软件将环境中的特殊效果作为渲染效果提供给客户，可将其理解为制作渲染图像的合成图层。用户可以变换颜色或使用贴图使场景背景更丰富，包括为场景加入雾、火焰、模糊等特殊效果。

（6）渲染出图。渲染是 3ds Max 的最后工作，对场景进行着色，并最终计算如光线跟踪、图像抗锯齿、运动模糊、景深、环境效果等各种前期设置，输出完成项目作品。

1.2.2　3ds Max 2013 的安装

在计算机中安装或运行 3ds Max 2013,首先要确保硬件环境和操作系统符合安全需求。

（1）系统需求。

1）支持 Autodesk 3ds Max 2013 32 位版本的操作系统。如：Microsoft Windows XP（Serice Pack 3 或更高版本）、Microsoft Windows Vista（SP3 或更高版本）、Microsoft Windows 7 x32。

2）支持 Autodesk 3ds Max 2013 64 位版本的操作系统。如：Microsoft Windows Vista x64（SP2 或更高版本）、Microsoft Windows XP x64（SP2 或更高版本）、Microsoft Windows 7 x64。

3）3ds Max 2013 需要以下补充软件。如：Microsoft Internet Explorer 或更高版本、Directx 9.0c（必须）、Mozilla Firefox 2.0 Web 或更高版本。

（2）硬件需求。

1）3ds Max 2013 32 位软件最低需要以下配置。Internet Pentium 4 或更高版本，1.4GHz 或同等的 AMD 处理器，支持 SSE2 技术；2GB 内存（推荐使用 4GB）；2GB 交换空间（推荐使用 4GB）；256MB 内存或更高，具有 Direct 3D 10、Direct 3D 9 或 OpenGL 功能的显卡；3 键盘鼠标和鼠标驱动程序软件；3GB 可用硬盘空间；DVD-ROM 光驱。

2）3ds Max 2013 64 位软件最低需要以下配置。Internet EM64T 、AMD64 或更高版本处理器，支持 SSE2 技术；4GB 内存（推荐使用 8GB）；4GB 交换空间（推荐使用 8GB）；具有 Direct 3D 10、Direct 3D 9 或 OpenGL 功能的显卡、256MB 内存或更高；3 键鼠标和鼠标驱动程序软件；3GB 可用硬盘空间；DVD-ROM 光驱。

（3）安装 3ds Max 2013。

1）运行 3ds Max 2013 的安装文件，弹出 3ds Max 的安装程序界面，如图 1.7 所示。

图 1.7

2）阅读 Autodesk 软件许可协议，如果同意该协议，可单击"我接受"单选按钮并进入下一界面。如不能接受该协议，将终止安装。

3）在产品信息界面中，用户必须输入软件的正版序列号，产品密码等信息。

4）单击"安装"按钮，3ds Max 2013 开始安装。

5）3ds Max 2013 开始进行安装。

6）所有文件复制完成后，进入安装完成界面，将提示用户 Autodesk 3ds Max 2013 32 位程序成功安装。启动软件，弹出欢迎界面，在其中单击标题，即可打开相关的教学影片，如图 1.8 所示。

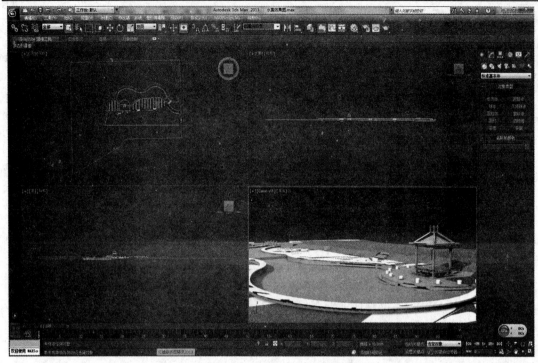

图 1.8

（4）激活说明 3ds Max 2013。

1）使用安装序列号：666-69696969，产品密钥：128E1，安装 3ds Max 2013。

2）打开 3ds Max 2013 单击右下角的"激活"按钮，在出现的对话框中单击"关闭"按钮。

3）重新打开 3ds Max，再次单击"激活"按钮，选择"我具有 Autodesk 提供的激活码"选项。

4）打开 xf-3dsmax_x64（或 x32）单击 Patch 后再单击 Generate 按钮。

5）将算出的数字使用快捷键粘贴到（3）中的输入框中完成激活。

6）启动注册机 xf-maxdes_x64.exe （右击以管理员身份运行）。

7）先将 Request Code 拷贝到注册机。

8）单击 Mem Patch（会弹出提示 successfully patched），然后再单击 Generate 按钮。

9）复制 Activation Code 到激活窗口，单击 Next 按钮。就成功激活了。

1.3 3ds Max 视图操作基础

1.3.1 认识界面

在学习绘制园林效果图之前，要首先了解 3ds Max 软件的界面特点和基本工具的使用。3ds Max 2013 的界面由菜单栏、工具栏、命令面板、视图区、视图控制区等组成，如图 1.9 所示为 3ds Max 2013 的初始界面。

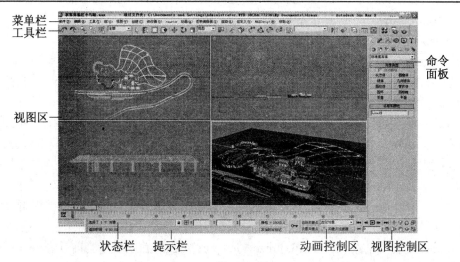

图 1.9

（1）菜单栏。文件、编辑、工具、视图、创建等 14 个菜单项中存放着 3ds Max 的所有命令。

（2）工具栏。主要是菜单栏的一些快捷方式，常用的工具有选择、移动、旋转、缩放、坐标控制、渲染控制等命令，可以在工具栏空白处右击，添加或关闭工具栏，也可以直接用鼠标拖出来关闭。

（3）命令面板。命令面板是 3ds Max 的核心区域，建模和做动画的绝大多数命令在这里都可以找到，在命令参数较多的情况下，可以按住边缘把面板拖宽，如图 1.10 所示。

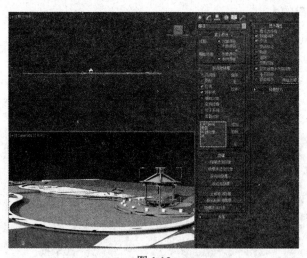

图 1.10

命令面板包括如下 6 个部分。

1）Create 创建命令面板。创建几何体、灯光、摄像机、辅助物体、空间扭曲等场景对象。

2）Modify 修改命令面板。对创建的各种对象进行独立的参数编辑。

3）Hierarchy 层级命令面板。调整或建立相互连接的对象之间的层级关系。

4）Motion 运动命令面板。控制物体的运动轨迹。

5）Display 显示命令面板。控制场景对象的显示方式和显示状态。

6）Utilities 工具命令面板。系统提供给用户的一些特殊功能和插件脚本接口。

（4）视图区。视图区是工作区域，默认视图是 4 个，分别是顶视图 Top、前视图 Front、左视图 Left 和透视图 Prespective。同一个物体通过 4 个视图显示出来，可以在任意一个视图名称上右击进行切换，也可以用键盘快捷键进行切换，快捷键是每个视图英文名字的首字母，首字母重复必须用组合键切换，如后视图和右视图的切换键是 V，然后选择相应的视图。

（5）视图控制区。视图控制区域主要是对视图进行操作，🔍Zoom 对当前视图进行缩放操作。🔲Zoom All 对所有视图进行缩放操作。🔲Zoom extens 最大化显示当前视图对象，快捷键是 Z。🔲Zoom Extens All 最大化显示所有视图。▷Field-Of-View 调整视野范围，对透视图和摄像机视图有效。🖐Pan-View 用这个摇移功能可以在视图中任意拖动视图。🔄Arc Rotate 旋转当前视图。🔲Miximize Viewport Toggle 独立显示当前视图，将其他视图隐藏，组合快捷键是 Alt+W。

（6）动画控制区。主要是生成动画时的关键帧系列操作。⌐手动设置关键帧。🔲自动设置关键帧。🔲Set Key🔲手动设置关键帧。🔲倒退到第一帧按钮。🔲后退一帧。🔲前进一帧。🔲前进到最后一帧。🔲帧的切换。🔲指定跳转到某个确定的帧。🔲设置动画的时间。🔲用曲线方式调整关键帧，是对动画数据的可视化操作。🔲Key Filters...🔲过滤动画按钮，比如关闭旋转动画。

（7）提示栏。主要是对操作的说明。

（8）状态栏。主要是对操作对象空间坐标的提示。

1.3.2 改变窗口的大小

有多种方法改变视口的大小和显示方式，在默认状态下，四个视口的大小是相等的。可以将光标移动到视口之间，单击并拖曳光标来改变某个视口的大小，但是，无论如何缩放，只能改变显示的大小，所有视口使用的总空间保持不变。如图 1.11 所示。在缩放视口的地方右击，在弹出的快捷菜单中选择 Reset Layout 选项，视窗恢复到原始大小。

图 1.11

1.3.3　改变窗口的布局

尽管改变视口的大小是一个非常有用的功能，但是它不能改变视口的布局。假设希望屏幕右侧有三个垂直排列的视口，剩余的区域被第 4 个大视口占据。仅通过移动视口分割线是不行的，可以通过改变视口的布局来实现。改变视口布局的方法：在菜单栏中选取 Customize（自定义）→Viewport Configuration（视口布置）选项，在弹出的 Viewport Configuration 对话框中选择 Layout（布局标签），如图 1.12 所示。可以从对话框顶部选择四个视口的布局。

在视口导航控制区域右击，也可以打开 Viewport Configuration 对话框。

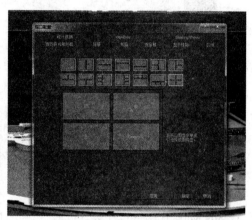

图 1.12

要熟悉四视图的操作，在具体建模过程中，一定要同时参考几个视图，顶视图看平面布局、前视图调整左右位置、左视图调整前后位置、透视图看整体效果，顶视图、前视图和左视图的位置都摆正确了，物体自身和物体与物体之间的关系才会准确。

1.3.4　单位的设置

在 3ds Max 中有很多地方都要使用数值。例如，当创建一个圆柱的时候，需要设置圆柱的半径 Radius。在园林设计的时候要求单位统一和规范，这样结合 CAD 图的时候很方便，在默认的情况下，3ds Max 使用 Generic Unit 做为一般单位的度量单位制。每个一般单位可以代表 1 英寸、1 米、5 米或者 100 海里。

当使用由多个场景组合出来的项目时，所有项目组成员必须使用一致的单位。

可以给 3ds Max 指定测量单位。例如，对某些特定的场景，可以指定使用 feet/inches 度量系统。当需要非常准确的模型时该功能非常有用。设置 3ds Max 度量单位的方法：

（1）启动 3ds Max，或在菜单栏选择 File（文件）→Reset（重置）选项，复位 3ds Max。

（2）在菜单栏选择 Customize（自定义）→Units Setup（单位设置）选项，如图 1.13 所示。弹出 Units Setup 对话框。

（3）在 Units Setup（单位设置）对话框中单击 Metric（米）单选按钮，单击 OK（确定）按钮，关闭 Units Setup 对话框。

（4）在菜单栏选择 Customize→Units Setup 选项。在 Units Setup 对话框中单击 US

Standard（美国标准），从 US Standard 的下拉式列表中选取 Feet /Fractional Inches（英尺/小数英寸）选项。如图 1.14 所示。单击 OK（确定）按钮，关闭 Units Setup 对话框。

图 1.13

图 1.14

1.4　基本工具的使用

基本工具的使用直接影响后面的学习，因此要熟练掌握基本工具的使用方法。

1.4.1　复制工具

在 3ds Max 中复制的方法有很多种，下面详细介绍几种常用的复制方法。

（1）用菜单命令中的 clone（克隆）命令进行复制。这种方法是 3ds Max 中最简单的一种复制方法，选中要复制的物体，选择"编辑"→"克隆"命令即可完成复制。

（2）在被复制的物体上右击，选择"克隆"命令也可以完成复制。

（3）按组合快捷键 Ctrl+V，可以直接复制被选择的物体。

进行复制操作时都会有 3 个选项：复制、实例（关联）和参考，这里可以给刚复制的物体命名，但不能设置复制的数量。如图 1.15 所示。

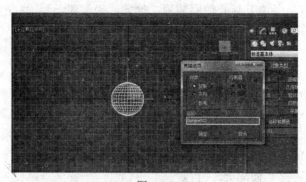

图 1.15

（4）使用 Shift 键配合单击或者移动工具、旋转工具、缩放工具都可以进行复制。

1）Shift 键配合移动工具。如图 1.16 所示是用 Shift 键配合移动工具进行的复制，这时弹出的"克隆选项"对话框还可以设置复制的数量。这种方法比较常用。

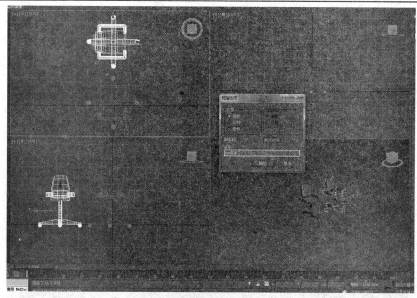

图 1.16

2）Shift 键配合旋转工具。按住 Shift 键旋转物体到一定角度后松开左键，设置好复制的数量，就可以对原物体进行一定角度的复制，这种复制要比 Shift＋移动物体复制复杂一些，因为旋转物体会涉及到旋转中心的问题，虽然复制出来的物体在一个平面内，如果旋转中心不同，复制的结果也会不同。旋转中心取决于物体的坐标轴。如图 1.17 所示。

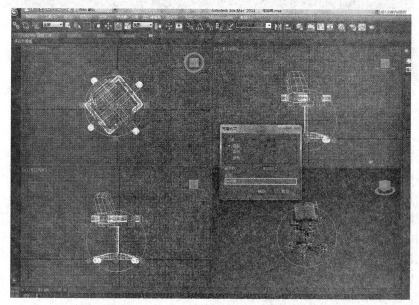

图 1.17

改变物体坐标轴位置的方法：首先选择物体，然后选择右侧的层级标签面板，单击 pivot（轴向）按钮，在下方单击 affect pivot only（只影响轴向）按钮，然后就可以在视图中任意移动和旋转轴向了，设置好后再次单击 affect pivot only（只影响轴向）按钮将其关闭，这样物体坐标轴位置的变动就完成了。

3）Shift 键配合缩放工具。这种复制方式往往可以得到比较独特的复制效果，首先要将复制物体的坐标轴移到物体外面，如果在物体内部，复制后只会看到一个物体，其余的物体都会被遮挡住。这时再用这种方法进行复制就得到一种向着原物体坐标轴的方向递减，等倍数缩放复制的效果，如图 1.18 所示。

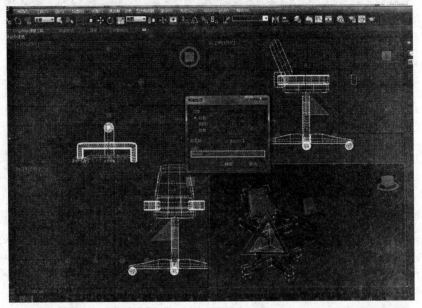

图 1.18

3ds Max 中提供了三种复制类型：copy（复制）、instance（关联复制）、reference（参考复制）。

（1）复制类型为常见的复制方式，比如将 a 物体复制，出现复制品 b 物体，b 物体与 a 物体完全相同，两者之间在复制结束后再没有任何联系。

（2）关联复制类型可以使原物体和复制物体之间存在联系，比如用 a 物体关联复制出 b 物体，两个之间就会互相影响，这些影响主要发生在子物体级别，若进入 a 物体的点层级进行修改，b 物体也会相应的被修改，关联复制经常用在制作左右对称的模型上。

（3）参考复制类型与关联复制类型有一些类似，不过参考复制的影响是单向的，比如用 a 物体参考复制出 b 物体，这时对 a 物体的子层级进行修改时会影响到 b 物体，但修改 b 物体却不会影响到 a 物体，也就是说只能 a 影响 b，这种复制类型有自己的特点，我们可以对 b 物体加一个修改命令，这时再要调整 b 的子层级，就要回到 b 物体级别，显然很麻烦，这时我们只要修改 a 物体的子层级就可以了。

案例教学 1：用移动工具复制椅子

（1）打开场景文件"会议室—复制椅子.max"，如图 1.19 所示，在这个场景中缺少椅子，我们将在这里练习如何使用复制工具添加椅子。

（2）首先选择 File（文件）→merge（合并）命令，在素材文件夹中导入会议室椅子.max模型，如图 1.20 所示。

图 1.19

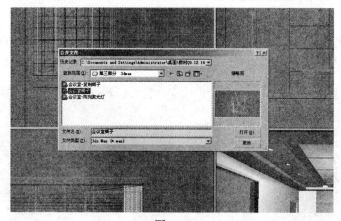

图 1.20

（3）这时会弹出"合并"对话框，选择椅子组，在弹出的提示"重复材质名称"对话框中进行相关选择，如图 1.21 所示。

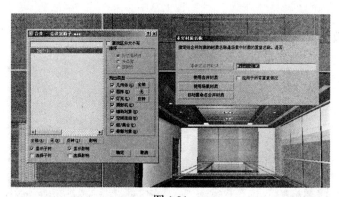

图 1.21

（4）进入场景，先确认椅子的中心轴已和椅子中心对齐，这样便于复制和移动，单击命令面板的 Hierarchy（层级）菜单，在 Pivot 栏中选中 Affect Pivot Only（只影响坐标轴），在下面的对齐方式中选择 Center to Object（对齐物体中心），然后调整椅子的位置，如图 1.22 所示。

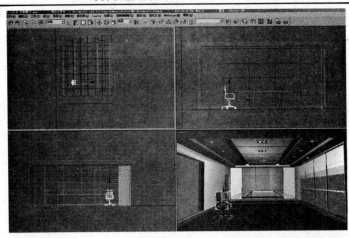

图 1.22

（5）切换到 top 顶视图，按住 Shift 键拖动椅子一段距离，在弹出的"克隆选项"对话框中设置复制的数目，这里输入 5 个，选用实例方式进行复制，如图 1.23 所示。

图 1.23

（6）最后效果如图 1.24 所示。

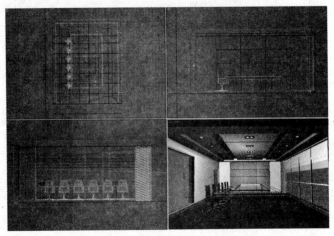

图 1.24

（7）右击，设置旋转角度为 45°，以保障旋转角度的精确性。再使用**旋转**工具，按 **Shift 键，**沿着 **Z** 轴向复制一把椅子并移动到会议桌的一头，如图 1.25 所示。

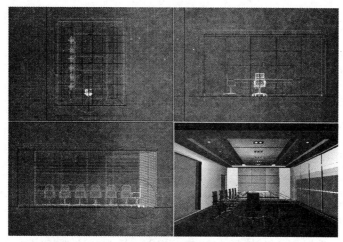

图 1.25

以上用**移动**复制和旋转复制的方法完成了椅子的复制，其他椅子将采用**镜像**复制的方法来完成。

1.4.2　镜像工具

镜像复制是非常有用的复制方式。对于左右对称的物体，只要先制作出其中一半，然后使用镜像复制工具复制出另一半就可以了。它的操作也非常简单，先选择一个要复制的对象，然后单击工具栏上的"镜像"按钮或选择菜单 Tools（工具）→Mirror（镜像）命令，弹出如图 1.26 所示的"镜像"窗口。设置好镜像轴，就可以在视图中看到**镜像复制**的效果，调节偏移值到我们需要的位置。

图 1.26

镜像工具是对称对象时不可缺少的工具，在建立复杂的对称模型时，**常会选择**关联对象的方式进行复制，这样在修改一侧时另一侧也会随着修改。

案例教学 2：用镜像工具复制椅子

（1）打开场景"会议室—镜像复制椅子.max"，按 C 键切换到摄像机视图，如图 1.27 所示。

图 1.27

（2）先镜像复制右边一列椅子。在 Top 视图，选中左边 6 把椅子，选择时可以配合 Ctrl 键加选。并选择 Group（组）→Group（群组）命令，将这几把椅子群组，然后选择镜像工具，调整轴向为 X 轴，距离为 2.8m，模式为复制，效果如图 1.28 所示。

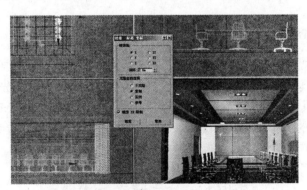

图 1.28

（3）采用同样的方法复制会议桌前方的椅子，不同的是距离为 5.2m，轴向为 Y 轴，最后场景如图 1.29 所示。

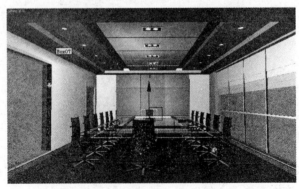

图 1.29

1.4.3　阵列工具

阵列工具是 3ds Max 中非常重要且实用的复制工具，通过设置窗口菜单中的相应数值，一次性阵列复制出所有物体。创建一个物体，选择"工具"→"阵列"命令，弹出"阵列"设置窗口，如图 1.30 所示。

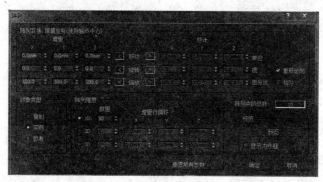

图 1.30

在"阵列"设置窗口中，上半部分用来设置复制出的物体与原物体之间进行移动、旋转和缩放的值，可以设置为增量值，也可以设置为总量值。复制的物体的类型和数量在窗口下方设置。

（1）移动。如果设置增量部分 X 轴向位移值为 100，意思是将选择的物体沿 X 轴正方向每间隔 10cm 复制一个物体；若设置总量部分 X 轴向位移值为 10，意思是将选择的物体在设置的物体移动范围内等间隔复制物体。如图 1.31 所示。

图 1.31

（2）旋转。旋转和移动一样，旋转操作有一个重定向复选项，如果将一个 box（物体）围绕世界中心进行旋转阵列，在不勾选重定向选项时得到如图 1.32 所示的效果，勾选重定向选项后，再进行相同的阵列操作，会得到如图 1.33 所示的效果。我们发现，在勾选重定向选项后，物体本身也会进行旋转以适应总体的旋转角度。

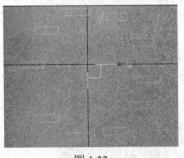

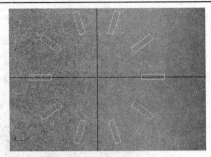

图 1.32   图 1.33

（3）缩放。缩放操作有一个均匀复选项，如果勾选此项，Y 轴向和 Z 轴向上的数值框呈灰色，即不起作用，只有 X 轴向上可以设置，这时物体将以 X 轴向上的数值为基准进行等比例缩放。

（4）物体类型区域。在设置窗口的左下部，有复制，关联复制和参考复制三种类型。

（5）阵列维数设置区域。在设置窗口的中下部，因为 3ds Max 中设计的是三维的立体空间，所以在阵列维数中分为一维，二维和三维。可以理解为，一维相当于在一条直线上，二维是在一个平面上，三维是一个立体空间。

（6）一维阵列。设置好物体变换的增量或总量后，勾选 1D，在后面填入数值进行复制，得到在一维空间中阵列的物体，也叫线性阵列，如图 1.34 所示。

（7）二维阵列。保持 1D 中的值不变，勾选 2D，在右侧有 X、Y、Z 轴向的偏移值，设置好偏移值，3ds Max 就会将刚才一维空间中的物体沿设置的轴向进行偏移复制，达到二维阵列的效果，如图 1.35 所示。

图 1.34   图 1.35

（8）三维阵列。将二维阵列物体沿 X、Y、Z 轴向进行平移复制，达到三维阵列的效果，如图 1.36 所示。

图 1.36

阵列工具是 3ds Max 中既规范又程序化的复制方式，通过各种数值的组合，得到许多无法用手工完成的奇特效果。

案例教学 3：用阵列工具复制聚光灯

（1）现在用阵列工具为场景建立灯光，打开场景文件"会议室—阵列聚光灯.max"。在场景中建立一盏 Target spot（目标灯），如图 1.37 所示。

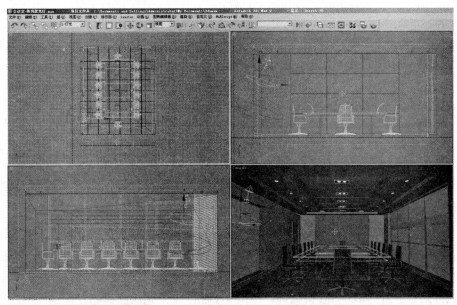

图 1.37

（2）同时选中目标灯和目标点，在工具栏右击，选择 Extras（附加）选项，弹出 Extras（附加）工具栏，选择阵列工具。设置 Y 轴间距为 1m，数目为 5，得到如图 1.38 所示。

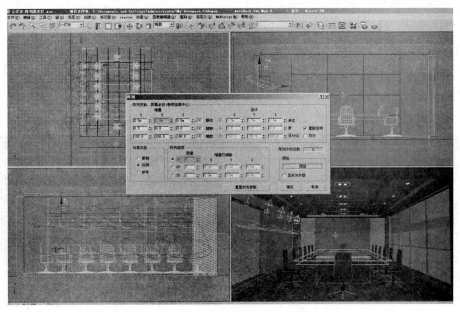

图 1.38

（3）采用同样的方法调节其他两面墙的灯。

1.4.4　捕捉工具

3ds Max 中的捕捉功能是在创建或者移动物体时，根据相对的参照对象进行操作的方式。捕捉工具的快捷键是 S，在工具按钮上右击，弹出"栅格和捕捉设置"对话框。如图 1.39 所示。

图 1.39

（1）维数捕捉工具。单击并按住捕捉按钮不放时，该按钮点开小三角会弹出隐藏工具按钮，包括 3 种捕捉模式，即 3D 捕捉、2.5D 捕捉、2D 捕捉。

1）3D 捕捉。3D 捕捉为默认选项，使用 3D 捕捉时，光标捕捉到三维空间中的任何几何体。3D 捕捉用于创建和移动所有尺寸的几何体，不用考虑平面。

2）2.5D 捕捉。2.5D 捕捉是二维捕捉和三维捕捉的混合。2.5D 捕捉将捕捉三维空间中的二维图形和激活视图构建平面上的投影点。光标只捕捉活动栅格上对象投影的定点或边缘。

3）2D 捕捉。2D 捕捉只捕捉激活视图构建平面上的元素，Z 轴或竖直轴被忽略，通常用于平面图形的捕捉。

（2）捕捉功能使用实例。首先创建一个矩形如图 1.40 所示。在主工具栏中单击 3D 捕捉按钮，或按 S 键。使用捕捉顶点功能，根据矩形的四个顶点创建一段样条线，如图 1.41 所示。

图 1.40

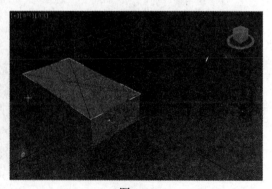

图 1.41

1）栅格和捕捉设置。在栅格和捕捉对话框中，主要包括 4 种捕捉类型。

● Snap 捕捉设置。

● Options　捕捉选项。

● Home Grid　捕捉主设置。

● User Grid　用户栅格设置。

2）所有的标准捕捉类型。

● GridPoints（栅格点）：捕捉到网格的交点，此为默认勾选状态。

● GridLines（栅格线）：捕捉到网格线上的任何点。

● Pivot（轴心）：捕捉到对象的轴点。

● BoundingBox（边界框）：捕捉到对象边界盒的 8 个角中的一个点上。

● Perpendicular（垂足）：相对于原先位置点，捕捉到样条线与上一个点的垂直点。

● Tangent（切点）：相对于原先位置点，捕捉到样条线与上一个点的切点。

● Vertex（顶点）：捕捉到网格对象的顶点，或样条曲线的分段点。

● Endpoint（端点）：捕捉到网格对象边线或样条曲线的端点。

● Edge（边/线段）：捕捉到边线（可见边或不可见边）上的任意一点。

● Midpoint（中点）：捕捉到网格对象边线或样条曲线分段的中点。

● Face（面）：捕捉到网格面上的任意一点。

● CenterFace（中心面）：捕捉到三角面的中点。

（3）角度捕捉。角度捕捉工具主要用于确定旋转增量，物体以设置的增量围绕指定轴旋转，其增量可以在"栅格和捕捉设置"对话框中进行设置，如图 1.42 所示。

（4）角度捕捉功能实例。

1）在场景中创建一个矩形，并使用旋转工具使对象围绕 Z 轴旋转，如图 1.43 所示。

图 1.42

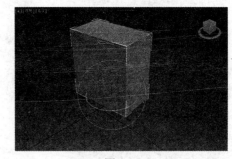

图 1.43

2）在主工具栏中单击"角度捕捉切换"按钮，并在该按钮上右击，如图 1.44 所示。

3）在弹出的"栅格和捕捉设置"对话框中，将选项卡中设置的角度由 5.0 改为 30，如图 1.45 所示。

4）再次使用旋转工具旋转对象时，对象每次都以 30° 进行旋转，如图 1.46 所示。

（5）百分比捕捉应用。

1）在场景中创建一个物体，单击主工具栏中的"百分比捕捉"按钮，并在该按钮上右击，如图 1.47 所示。

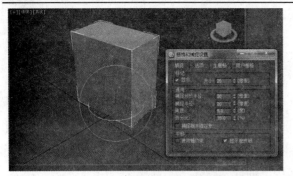

图 1.44

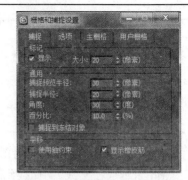

图 1.45

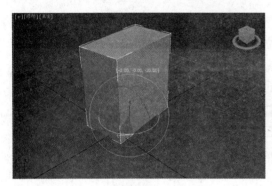

图 1.46

图 1.47

2）在弹出的"栅格和捕捉设置"对话框中，将选项卡中的百分比 10%调整为 20%，如图 1.48 所示。

3）使用缩放工具缩放对象时，对象每次都以 20%进行缩放，如图 1.49 所示。

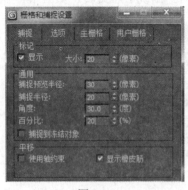

图 1.48

图 1.49

1.4.5 对齐工具

对齐工具是将源对象边界框的位置和方向与目标对象边界框对齐。对齐工具需要两个对象，一个作为将要变换位置的对象，另一个作为参照对象。具体操作方法是，首先选择原对象，然后单击"对齐"按钮，拾取目标参照对象，再选择相关设置完成对齐操作，如图 1.50 所示。

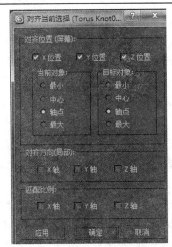

图 1.50

（1）Align（对齐）。单击 Tools（工具）→Align（对齐）命令或单击 Main Toolbar（主工具）→Align（对齐）命令或按组合快捷键为 Alt+A。

Align 用于将当前选择对象与目标对象对齐。任何可以被变换的对象都可以被对齐，包括灯光、摄像机和空间扭曲。先选择需要对齐的对象，然后单击"对齐"按钮，此时鼠标变成对齐图标样式，再选择目标对象就弹出"对齐"对话框，且目标对象的名称显示为对齐对话框的标题。如图 1.51 所示是在 fornt 视图中按照各个轴向的对齐效果图。

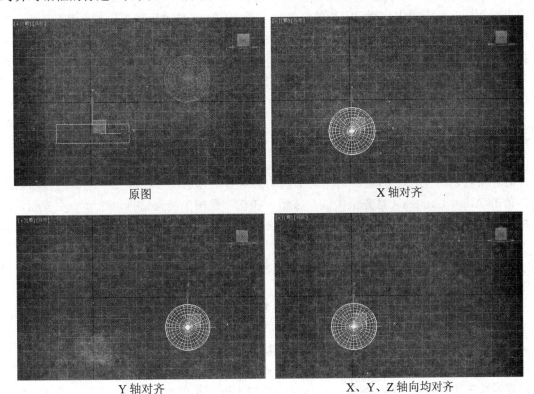

图 1.51

（2）Quick Align（快速对齐）。单击 Tools（工具）→Quick Align（快速对齐）命令或单击 Main Toolbar（主工具）→Align（对齐）命令或按组合快捷键 Shift+A。

Quick Align 用于将当前选择的对象与目标对象快速对齐。当前选定的对象可以是单个对象，也可以包含多个对象或子对象。如果当前选定的是单个对象，将以选定对象与目标对象的轴为依据进行对齐；如果当前选定的对象是多个对象或包含子对象，将会将选定对象（组）的选择中心与目标对象的轴对齐。这个工具使用快捷、简单，没有其他选项或数据输入框，只需先选择源对象或组，然后从对齐按钮的下拉扩展项中选择 Quick Align（快速对齐）按钮，再从场景中选择目标对象，即完成了操作。

（3）Normal Align（法线对齐）。单击 Tools（工具）→Normal Align（法线对齐）命令或单击 Main Toolbar（主工具）→Normal Align（法线对齐）或按组合快捷键为 Alt+N。

Normal Align 用于将两个物体按照各自的法线方向对齐。首先选择要移动的对象（源对象），然后单击 Normal Align（法线对齐）按钮，在源对象上单击并拖动鼠标，选择源对象的法线（光标下出现一蓝色箭头，表示已选定其表面法线）。然后单击目标对象，拖动鼠标，找到目标对象表面的法线（光标显示为绿色的箭头），释放鼠标时即弹出法线对齐对话框。

（4）Place Highlight（放置高光）。单击 Tools（工具）→Place Highlight（放置高光）命令或单击 Main Toolbar（主工具）→Place Highlight（放置高光）命令或按组合快捷键为 Ctrl+H。

Place Highlight 用于把灯光或对象对齐到另一对象上，以重新定位物体表面的"高光点"或倒影。在场景中选择已设置的灯光后，单击 Place Highlight（放置高光）按钮，光标将变成放置高光图标。单击场景中需要在其上面放置高光的对象上的一点，选定的灯光将重新配置自己。拖动鼠标，可手工控制物体表面的高光点，不用来回移动灯光。当松开鼠标设置一个高光点后，设置高光点的模式将立即取消，如果想进一步调整高光点，必须在选取灯光后再次单击 Place Highlight 按钮。

（5）Align Camera（对齐摄像机）。单击 Tools（工具）→Align Camera（对齐摄像机）命令或单击 Main Toolbar（主工具）→Align Camera（对齐摄像机）命令。

Align Camera 用于对齐摄像机到选定物体表面的法线上而不是入射角度上，释放鼠标时才实行对齐操作，不随着鼠标的拖动动态对齐。先选择要在视图中对齐的摄像机，再单击 Align Camera（对齐摄像机）按钮，在任一视图中拖动鼠标以选择一个表面，光标下出现一蓝色箭头，表示已选定其表面法线，释放鼠标后摄像机就与所选择面的法线方向对齐。

摄像机与对象的法线对齐这一操作并不会改变摄像机的焦距和视角的值，它只改变摄像机的位置和视线，用来同目标相匹配。

（6）Align to View（对齐视图）。单击 Tools（工具）→Align to View（对齐视图）命令或单击 Main Toolbar（主工具）→Align to View（对齐视图）命令。

Align to View 用于将一个物体的自身坐标轴与当前视图对齐。选择要对齐的物体，再单击 Align to View（对齐视图）按钮，在对齐视图对话框可设置对齐的坐标轴，当用户在错误的视图中创建对象时，Align to View 命令对于改正对象的方向特别有用。该命令将参照所选定对象的局部坐标系完成所有的对齐操作。如果选定了几个对象，则参照每个对象的局部坐标系重新安排对象。

　　课堂练习：基本工具的熟练运用

　　合并多个场景文件，并对场景中的物体进行移动复制、旋转复制、阵列复制。熟练运用四视图的操作以及对齐命令。

本 章 小 结

　　本章介绍了 3ds Max 2013 的基础知识，以及在用户界面中经常使用的命令面板、工具栏、视图导航控制按钮和动画控制按钮。命令面板用来创建和编辑对象，主工具栏用来变换这些对象。视图导航控制按钮允许以多种方式放大、缩小或者旋转视图。动画控制按钮用来控制动画的设置和播放。

　　在 3ds Max 中，对象的变换是创建场景至关重要的部分。除了直接的变换工具之外，还有许多工具可以完成类似的功能。要更好地完成变换必须对变换坐标系和变换中心有深入地理解。在变换对象的时候，如果能够合理地使用镜像、阵列和对齐等工具，可以节约建模时间。

第2章 三维实体建模

三维实体建模主要指标准几何体和扩展几何体建模，是三维建模的基础，通过几何体建模熟悉 3D 建模环境和视图的基本操作。

2.1 标准几何体

三维实体建模是组成场景的基本元素，在 3ds Max 2013 中三维模型主要包括标准基本体、扩展基本体、符合对象、粒子系统、面片栅格、实体对象、门、AEC 扩展、楼梯等。人们熟悉的几何基本体在现实世界中无非是球体、管道、长方体、圆环和圆锥形冰淇淋杯等，如图 2.1 所示。在 3ds Max 中，可以使用单个基本体对对象进行建模。还可以将基本体结合到复杂的对象中，并使用修改器进行细化。标准基本体对象的集合如图 2.2 所示。

图 2.1   图 2.2

3ds Max 包含 10 个基本几何体。可以在视口中创建基本体，通过参数面板进行精确绘制。大多数基本体可以通过键盘生成。这些基本体在 Object Type（对象类型）卷展栏和 Creat（创建）菜单上。

（1）长方体（Box）。生成最简单的基本体，通过长、宽、高等参数进行建模。立方体是长方体的唯一变量。可以改变缩放和比例以制作不同种类的矩形对象，类型从面板和板材到高圆柱和小块。如图 2.3 所示。

（2）圆锥体（Cone）。圆锥体基本体如图 2.4 所示，它是通过半径 1、高度、半径 2 等参数来建模的。

图 2.3   图 2.4

（3）球体（Sphere）。球体通过半径和它的面板选项生成完整的球体、半球体或球体的其他部分。还可以围绕球体的垂直轴对其进行"切片"。如图 2.5 所示。

（4）几何球体（Geosphere）。与标准球体相比，几何球体能够生成更规则的曲面。在指定相同面数的情况下，也可以使用比标准球体更平滑的剖面进行渲染。几何球体没有极点，这对于应用某些修改器，如自由形式变形（FFD）修改器非常有用，如图 2.6 所示。

图 2.5　　　　　　　　　　　　　　　图 2.6

（5）圆柱体（Cylinder）。圆柱体通过半径、高度等参数生成圆柱体，可以围绕其主轴进行"切片"，如图 2.7 所示。

（6）管状体（Tube）。管状体可生成圆形和棱柱管道。管状体类似于中空的圆柱体，它的参数是半径 1、半径 2、高度等。如图 2.8 所示。

图 2.7　　　　　　　　　　　　　　　图 2.8

（7）环形（Torus）。环形可生成一个环形或具有圆形横截面的环，有时称为圆环。它的参数为半径 1、半径 2 等，可以将平滑选项与旋转和扭曲设置组合使用，以创建复杂的变体，如图 2.9 所示。

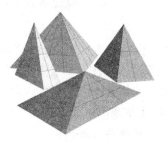

图 2.9　　　　　　　　　　　　　　　图 2.10

（8）四棱锥（pyramid）。四棱锥基本体拥有方形或矩形底部和三角形侧面，它的参数为宽度、深度、高度等，如图2.10所示。

（9）茶壶（Teapot）。茶壶可生成一个茶壶形状。可以选择一次制作整个茶壶（默认设置）或一部分茶壶。茶壶是参量对象，创建后可以选择显示茶壶的哪些部分，如图2.11所示。

图2.11

（10）平面基本体（Plane）。平面对象是特殊类型的平面多边形网格，可在渲染时无限放大，可以指定放大分段大小和数量。可以将任何类型的修改器应用于平面对象（位移），如模拟陡峭的地形。

2.2　扩展几何体建模

1．扩展几何体

（1）异面体（Hedra）。异面体用于创建各种具备奇特表面组合的多面体。通过调节它的参数，可以制作出种类繁多的奇怪造型，如钻石、卫星、链子球等，如图2.12所示。

图2.12

（2）倒角立方体（Chamfer Box）。倒角立方体用于直接产生带倒角的立方体，省去了Bevel制作过程，在家具建模中经常用到。

（3）油罐（OilTank）。油罐用于制作带有一对球体状凸顶的柱体。油桶、帐篷、飞碟和药片的造型都可以通过油罐工具来完成，如图2.13所示。

（4）纺锤体（Spindle）。纺锤体用于制作两端带有圆锥尖顶的柱体，如钻石、笔尖和纺锤等造型。纺锤体造型如图2.14所示。

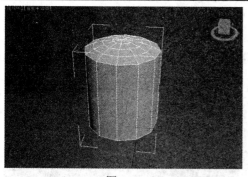

图 2.13

图 2.14

（5）球棱柱（Gengon）。球棱柱用于制作带有倒角棱的柱体，直接在柱体的边缘产生光滑的倒角。球棱柱造型如图 2.15 所示。

图 2.15

图 2.16

（6）环形波（RingWave）。环形波是一种类似于平面造型的对象，利用该工具可以创建出与三维效果较强的环形节的某些造型相似的平面造型。可以直接在创建参数面板中对平面环形波进行动画设置。几个不同的环形波造型如图 2.16 所示。

（7）三棱柱（Prism）。三棱柱用于制作等腰和不等边三棱柱体，如图 2.17 所示。三棱柱有两等边、基点/顶点两种创建方式。

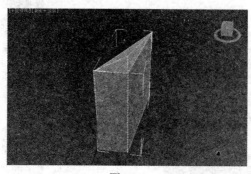

图 2.17

（8）环形节（Torus Knot）。环形节是扩展几何体中较为复杂的一个工具，它可控制的参数众多，组合产生的效果很多。该工具用于制作管状、缠绕、带囊肿类的造型，比较适合做一些各式点心，几个基本的环形节造型如图 2.18 所示。

（9）倒角柱（ChamferCyl）。倒角柱用于制作带有圆角的柱体。利用该工具可以做一些瓶瓶罐罐，如化妆品盒、酒瓶子盖、首饰盒和旋钮开关等。

（10）胶囊（Capsule）。胶囊用于制作两端带有半球的圆柱体，类似胶囊的形状，如图 2.19 所示。

图 2.18

图 2.19

（11）L 形墙（L-Ext）。L 形墙用于建立 L 形夹角的立体墙模型，主要用于建筑快速建模。

（12）C 形墙（C-Ext）。C 形墙用于制作 C 形夹角的立体墙模型，主要用于快速建立建筑模型。

（13）软管（Hose）。软管是一个柔性体，其两端可以连接到两个不同的对象上，并反映这些对象的移动。也可以是一个自由的软管。该对象类似于弹簧，只是没有动力学特性。

2. AEC 扩展

应用 AEC 扩展创建植物如下。

（1）在右侧命令面板中单击"几何体"按钮，在下拉菜单中选择"AEC 扩展"选项，并单击"植物"按钮，如图 2.20 所示。

（2）在扩展栏下方的选择框中选择一种植物并单击，如图 2.21 所示。

图 2.20

图 2.21

（3）在"透视"视图中创建一个植物模型，如图 2.22 所示。

（4）在植物属性参数中调整参数到适当的值，如图 2.23 所示。

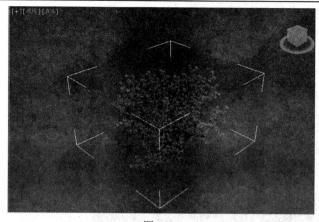

图 2.22　　　　　　　　　　　　　　　　　　　　图 2.23

（5）在工具菜单栏中单击"渲染产品"按钮，进行渲染，渲染效果如图 2.24 所示。

图 2.24

2.3　创建建筑类模型

利用 3ds Max 2013 提供的门、窗和楼梯模型的各种参数，可以创建出各种门、窗、楼梯对象。3ds Max 2013 提供了三种门的模型，包括枢轴门、推拉门、折叠门。

案例教学 1：标准几何体建模——花架

（1）在顶视图中绘制一个长 200mm，宽 6000mm，高 200mm 的长方体，在前视图中将长方体向上移动一定的距离作为花架的高度，如图 2.25 所示。

（2）在顶视图，沿 Y 轴，按 Shift 键移动复制长方体到另一边，如图 2.26 所示。

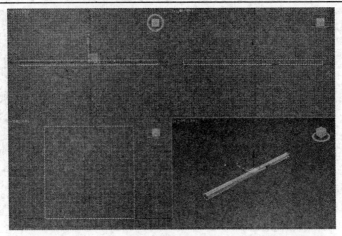

图 2.25

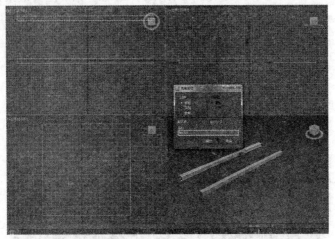

图 2.26

（3）在前视图，沿 Z 轴，按 Shift 键移动复制长方体到上面并移动到中间位置，如图 2.27 所示。

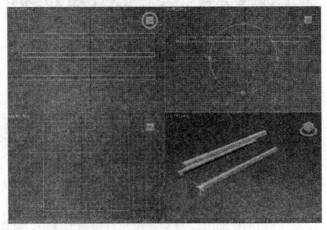

图 2.27

（4）在顶视图绘制一个 2000mm×200mm×200mm 的长方体，**移动到相应位置**，并复制一个，如图 2.28 所示。

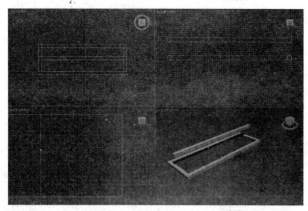

图 2.28

（5）在顶视图中绘制一个 2000mm×200mm×100mm 的长方体，**使用旋转**工具将其旋转一定的角度，使之与花架顶相切，如图 2.29 所示。

图 2.29

（6）将倾斜的长方体复制 20 个，如图 2.30 所示。

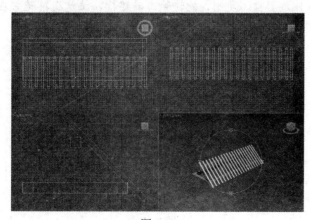

图 2.30

（7）在顶视图中选中所有的倾斜长方体，使用镜像工具沿 Y 轴复制并调整至相应位置，如图 2.31 所示。

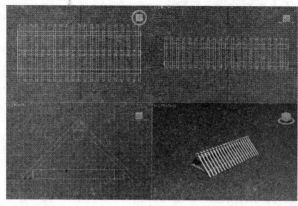

图 2.31

（8）在左视图中绘制一个 3000mm×200mm×200mm 的长方体，并在顶视图中调整至相应位置，按 Shift 键复制另外 3 个长方体至相应位置，最后统一颜色，如图 2.32 所示。

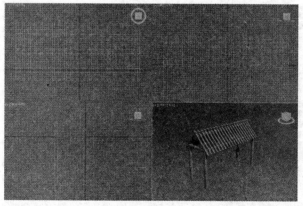

图 2.32

课堂练习 1：根据实景照片为花架建模

提示：使用长方体、圆柱、复制、旋转等工具建模，注意观察花架在四视图中的位置。图 2.33 所示为花架实景照片。

图 2.33

课堂练习 2：进行茶桌建模

提示：使用标准基本体建模，熟练运用四视图及其对齐工具。图 2.34 所示为茶桌模型。

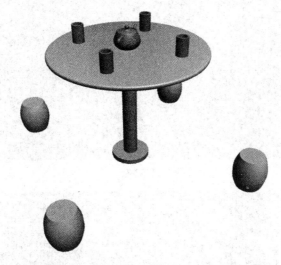

图 2.34

案例教学 2：扩展几何体建模——茶几

（1）绘制底座。用切角长方体工具建模 3500mm×7200mm×150mm，圆角 30mm。

（2）移动复制桌面，如图 2.35 所示。

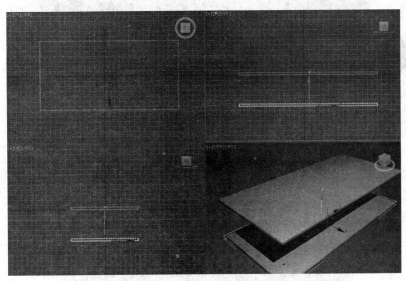

图 2.35

（3）绘制 4 个茶几柱。在顶视图绘制 1000mm×1000mm×1800mm 的长方体，并复制、移动其他 3 个，如图 2.36 所示。

（4）绘制桌面玻璃的长方体，尺寸为 1500mm×5000mm×170mm，移动至桌面板之间，玻璃需要布尔运算和透明贴图，如图 2.37 所示。

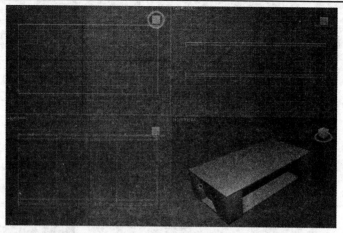

图 2.36

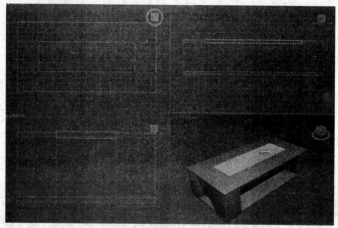

图 2.37

课堂练习 3：综合运用所学工具建模——花坛

花坛模型如图 2.38 所示。

图 2.38

本 章 小 结

　　本章重点介绍 3ds Max 的基本建模方法，从基本几何体到扩展几何体，重点掌握几何体建模时各种参数的使用，熟练掌握如何运用四视图进行操作。使用几何体建模可以大大提高建模效率，完全使用几何体建模在 3ds Max 中是很少见的，一般都要配合网格或面片建模等建模方式。

第3章　二维建模及复合对象操作

几何体建模只能建一些简单的、规则的模型，对于复杂的模型要依靠绘制和编辑二维图形来完成。

3.1　二维图形的绘制与编辑

使用线、矩形和文本工具创建二维图形。

（1）启动 3ds Max，或者在菜单栏选择 File（文件）→Reset（重置）命令，复位 3ds Max。

（2）在创建命令面板中单击"图形"按钮。

（3）在"图形"面板中单击"线"按钮，如图 3.1 所示。

图 3.1

（4）在前视口单击，创建第一个节点，移动鼠标再单击，创建第二个节点。

（5）单击鼠标右键，画线结束。

1. 使用线命令

（1）按组合快捷键 Alt+W，将顶视图切换到满屏显示。

（2）单击 Create（创建面板）→Shapes（图形）→Line（线）命令。

（3）在创建面板中 Creation Method（创建方法）卷展栏的设置如图 3.2 所示。

这些设置决定样条线段之间的过渡是光滑的还是不光滑的。Initial Type（初始设置）是 Corner（角点），表示用单击的方法创建节点时，相邻的线段之间是不光滑的。

（4）在顶视图采用单击的方法创建 3 个节点。创建完 3 个节点后单击鼠标右键结束创建操作。

图 3.2

（5）在创建面板的 Creation Method（创建方法）卷展栏，将 Initial Type（初始类型）设置为 Smooth（平滑）。

（6）采用与（4）相同的方法在顶视图创建一个样条线，如图 3.3 所示。

从图 3.3 中可以看出选择 Smooth 后创建了一个光滑的样条线。

Drag Type（拖动类型）设置决定拖曳鼠标时创建的节点类型。不管是否拖曳鼠标，Corner（角点）类型使每个节点都有一个拐角。Smooth（平滑）类型在节点处产生一个不可调整的光滑过渡。Bezier（贝兹线）类型在节点处产生一个可以调整的光滑过渡。如果将 Drag Type 设置为 Bezier，那么从单击点处拖曳的距离将决定曲线的曲率和通过节点处的切线方向。

（7）在 Creation Method 卷展栏中，将 Initial Type 设置为 Corner（角点），将 Drag Type（拖动类型）设置为 Bezier。

（8）在顶视口再创建一条曲线。采用单击并拖曳的方法创建第 2 点。创建的图形应该类似于如图 3.4 所示中的图。

图 3.3　　　　　　　　　　　　　　　　　　　　图 3.4

2. 使用 Rectangle 工具

（1）在菜单栏选择 File→Reset 命令，复位 3ds Max。

（2）单击创建命令面板的 Shapes 按钮。

（3）在命令面板的 Object Type 卷展栏单击 Rectangle（矩形）按钮。

（4）在顶视图单击并拖曳，创建一个矩形。

（5）在 Create（创建）面板的 Parameters（参数）卷展栏，将 Length（长）设置为 100，将 Width（宽）设置为 200，将 Corner Radius（角半径）设置为 20。这时的矩形如图 3.5 所示。

图 3.5

矩形是只包含一条样条线的二维图形，它有 8 个节点和 8 个线段。

（6）选择矩形，然后打开 Modify（修改）命令面板。矩形的参数在 Modify 面板的 Parameters 卷展栏中。

3. 使用 Text 工具

（1）在菜单栏中选择 File→Reset 命令，复位 3ds Max。

（2）在创建命令面板中单击 Shapes 按钮。

（3）在命令面板的 Object Type 卷展栏单击 Text（文本）按钮。这时在创建面板的 Parameters 卷展栏显示默认的文字 Text 设置。默认是宋体，大小是 100 个单位，文字内容是 MAX Text。

（4）更改文字。输入文字“数字媒体艺术”，如图 3.6 所示。

图 3.6

如果修改文字，可以在 Modify（修改）面板中通过改变参数控制文字的外观。

3.2　编 辑 样 条 曲 线

3.2.1　Edit Spline（编辑样条曲线）修改器

编辑样条曲线，首先应该选中需要修改的曲线，然后选择 Modify（修改）面板，进入 Edit Spline 样条曲线编辑修改器。

Edit Spline 样条曲线编辑修改器有 3 个卷展栏，即 Selection（选择）卷展栏、Soft Selection（软选择）卷展栏，Geometry（几何体）卷展栏，如图 3.7 所示。

图 3.7

（1）Selection 卷展栏。可以在 Selection 卷展栏中设定编辑层次。一旦设定了编辑层次，就可以用 3ds Max 的标准选择工具在场景中选择该层次的对象。

Selection 卷展栏中的 Area Selection（区域选项），用来增强选择功能。选择这个复选框后，离选择节点的距离小于该区域指定的数值的节点都将被选择。这样就可以通过单击的方法一次选择多个节点。也可以在这里命名次对象的选择集，系统根据节点、线段和样条线的创建次序对它们进行编号。

（2）Soft Selection 卷展栏。Soft Selection（软选择）卷展栏的工具主要用于次对象层次的变换。Soft Selection 定义一个影响区域，在这个区域的次对象都被软选择。变换应用软选择的次对象时，其影响方式与一般的选择不同。例如，如果将选择的节点移动 5 个单位，软选择的节点可能只移动 2.5 个单位。在如图 3.8 所示中；选择了螺旋线的中心点。当激活软选择后，某些节点用不同的颜色来显示，表明它们离选择点的距离不同。这时如果移动选择的点，软选择的点移动的距离较近，如图 3.9 所示。

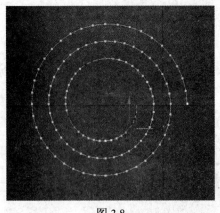 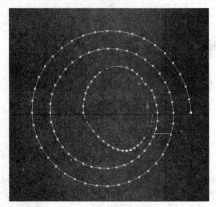

图 3.8   图 3.9

（3）Geometry（几何）卷展栏。Geometry 卷展栏包含许多次对象工具，这些工具与选择的次对象层次密切相关。

1）Spline（样条）次对象层次的常用工具。

● Attach（附加）：给当前编辑的图形增加一个或者多个图形。这些被增加的二维图形也可以由多条样条线组成。

● Detach（分离）：从二维图形中分离出线段或者样条线。

● Boolean（布尔运算）：对样条线进行交、并和差运算。并（Union）是将两个样条线结合在一起形成一条样条线，该样条线包容两个原始样条线的公共部分。差（Subtraction）是从一个样条线中删除与另外一个样条线相交的部分。交（Intersection）是根据两条样条线的相交区域创建一条样条线。

● Outline（外围线）：给选择的样条线创建一条外围线，相当于增加一个厚度。

2）Segment（线段）次对象层次的编辑。Segment 次对象允许通过增加节点来细化线段，也可以改变线段的可见性或者分离线段。

3）Vertex（点）次对象支持如下操作。

● 切换节点类型。

● 调整 Bezier 节点句柄。

● 循环节点的选择。

● 插入节点。

● 合并节点。

● 在两个线段之间倒一个圆角。

● 在两个线段之间倒一个尖角。

3.2.2　编辑点

1. 改变节点的类型

（1）在 TOP 视图创建一个样条曲线，并选择该样条曲线。

（2）进入 Modify（修改）命令面板。

（3）在编辑修改器堆栈显示区域单击 Line 左边的+号，这样就显示出了 Line 的次对象层次。

（4）在编辑修改器堆栈显示区域单击 Vertex，这样就选择了 Vertex 次对象层次，如图 3.10 所示，在"选择"卷展栏下的"点"按钮也同时显亮。

（5）在 Selection 卷展栏中选择 Show Vertex Numbers（显示顶点编号）复选框，在视口中显示出了节点的编号，如图 3.11 所示。

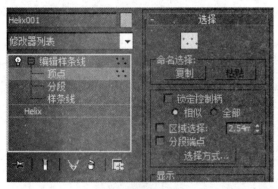

图 3.10

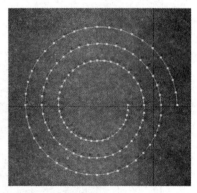

图 3.11

（6）在顶视图的节点 1 上右击，从弹出的快捷菜单中选择 Smooth 选项。

（7）在顶视图的第 2 个节点上右击，从弹出的快捷菜单中选择 Bezier 选项，在节点两侧出现 Bezier 调整句柄。

（8）单击主工具栏的移动或旋转按钮，在顶视图选择其中一个句柄，然后对图形进行调整，节点两侧的 Bezier 句柄始终保持在一条线上，而且长度相等。

（9）在顶视图的第 3 个节点上右击，从弹出的快捷菜单中选择 Bezier Corner 选项，然后对图形进行调整。Bezier Corner 节点类型的两个句柄是相互独立的，改变句柄的长度和方向将得到不同的效果。

（10）在顶视图使用区域选择的方法选择四个节点，在任何一个节点上右击，从弹出的快捷菜单中选择 Smooth 选项，可以一次改变很多节点的类型。

2. 给样条线插入节点

（1）在视图中画一个二维图形，在 Modify 命令面板的编辑修改器堆栈显示区域单击 Vertex，进入节点层次。如图 3.12 所示。

（2）在 Modify（修改）面板的 Geometry 卷展栏单击 Insert（插入）按钮。

（3）在顶视图的节点 2 和节点 3 之间的线段上单击鼠标，插入一个节点，拖动鼠标至需要的位置，再次单击鼠标，然后右击，退出 Insert 方式。

由于增加了一个新节点，所有节点被重新编号，如图 3.13 所示。

图 3.12　　　　　　　　　　　　　　　　　图 3.13

Refine 工具也可以增加节点，且不改变二维图形的形状。

3. 合并节点

（1）选择"线"命令，按 S 键，激活捕捉功能。

（2）在顶视图按逆时针创建一个三角形，如图 3.14 所示。当再次单击第一个节点时，系统则询问是否封闭该图形，单击"否"按钮。

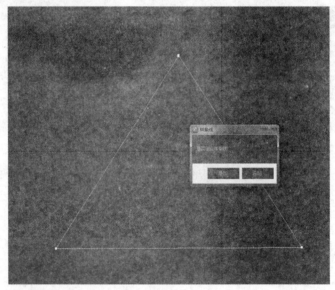

图 3.14

（3）在顶视图中右击，结束样条线的创建。

（4）按 S 键，关闭捕捉。

（5）在 Modify 命令面板的 Selection 卷展栏中单击 ··· Vertex 选项。

（6）在顶视图中选择所有的节点。

（7）在顶视图中的任何一个节点上右击，从弹出的快捷菜单中选取 Smooth 选项。

在如图 3.15 所示中，样条线上重合在一起的第 1 点和最后一点处没有光滑过渡，第 2 点和第 3 点处已经变成了光滑过渡，这是因为两个不同的节点之间不能光滑。

（8）在顶视图使用区域的方法选择重合在一起的第 1 点和最后一点。

（9）在 Modify 面板的 Geometry 卷展栏中单击 Weld 按钮。

两个节点被合并在一起，节点处也变得光滑了，如图 3.16 所示。

图 3.15　　　　　　　　　　　　　　　　图 3.16

（10）在 Selection 卷展栏的 Display 区域选择 Show Vertex Numbers 复选框，图中只显示 3 个节点的编号。

4. 倒角样条线

（1）用 Line 绘制三角形。

（2）在顶视图中单击其中一条线，在样条线上右击，在弹出的快捷菜单上选取 Cycle Vertices（循环顶点）选项，这样就进入了 Vertex 次对象模式。

（3）在顶视图中，使用区域的方法选择 3 个节点。

（4）在 Modify 面板的 Geometry 卷展栏中，将 Fillet 圆角数值改为 25，在每个选择的节点处出现一个半径数值为 25 的圆角，同时增加了 3 个节点，如图 3.17 所示。

（5）在主工具栏中单击 Undo 按钮，撤消倒圆角操作。

（6）在菜单栏选择 Edit→Select All 选项，则所有节点都被选择。

（7）在 Modify 面板的 Geometry 卷展栏中，将 Chamfer 数值改为 20，在每个选择的节点处都被倒了一个切角，如图 3.18 所示。该微调器的参数不被记录，因此不能用固定数值控制切角。

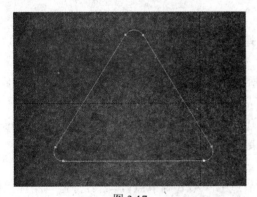

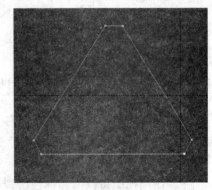

图 3.17　　　　　　　　　　　　　　　　图 3.18

3.2.3　编辑线

1. 细化线段

（1）在场景中用 Line 绘制矩形，在顶视图中单击任何一条线段，选择该图形。

（2）在 Modify 命令面板的编辑修改器堆栈显示区域展开 Line 层级，并单击 Segment 线，进入该层次。

（3）在 Modify 面板的 Geometry 卷展栏，单击 Refine 按钮。

（4）在顶视图中，在不同的地方单击四次顶部的线段，则该线段增加 4 个节点，如图 3.19 所示。

2. 移动线段

（1）单击主工具栏的"移动"按钮。

（2）在顶视图中单击矩形顶部中间的线段，这时在 Modify 面板的 Selection 卷展栏中显示第 5 条线段被选择，如图 3.20 所示。

图 3.19　　　　　　　　　　　　　　　　图 3.20

（3）在顶视图中向下移动选择的线段，结果如图 3.21 所示。

（4）在顶视图的图形上右击，在弹出的快捷菜单中选择 Sub-objects（子物体）→Vertex（点）选项，在顶视图中选择第 6 个节点，如图 3.22 所示。

图 3.21　　　　　　　　　　　　　　　　图 3.22

（5）在工具栏的"捕捉"按钮上右击，弹出 Grid and Snap Settings（栅格与捕捉）对话框。

（6）在对话框中，取消 Grid Points 复选，选择 Vertex 复选框，关闭"栅格与捕捉"对话框。

（7）在顶视图中按下 Shift 键右击，打开 Snap 菜单。在 Snap 菜单选择 Options→Transform Constraints 选项，这样将把变换约束到选择的轴上。

（8）按 S 键，激活捕捉功能。

（9）在顶视图将鼠标光标移动到选择的节点上（第 6 个节点），然后将它向左拖曳到第 7 点的下面，捕捉它的 X 坐标，这样，在 X 方向上第 6 点就与第 7 点对齐了，如图 3.23 所示。

（10）按 S 键关闭捕捉功能。

（11）在顶视图右击，从弹出的快捷菜单中选择 Sub-objects→Segment 选项。

（12）在顶视图选择第 6 条线段，就沿着 X 轴向左移动，如图 3.24 所示。

图 3.23　　　　　　　　　　　　　　　　　图 3.24

3.2.4　编辑样条曲线

1.　将一个二维图形附加到另外一个二维图形上

（1）在场景中绘制三个独立的样条线，如图 3.25 所示。

图 3.25

（2）单击主工具栏的 Select by Name（按名字选择）按钮，出现 Select Objects 对话框。

（3）单击 Line01，再单击 Select 按钮。

（4）在 Modify 命令面板，单击 Geometry 卷展栏的 Attach（结合）按钮。

（5）在顶视图分别单击另外两个圆，在顶视图右击，结束 Attach 操作。

2.　使用 Outline

（1）选择场景中的图形。

（2）在 Modify 面板的编辑修改器堆栈显示区域单击 Line 左边的+号，展开次对象列表，单击 Spline 选项。

（3）在顶视图单击前面的圆，如图 3.26 所示。

（4）在 Modify 面板的 Geometry 卷展栏中将 Outline 的数值改为–2。

（5）单击后面的圆，重复前面的操作，结果如图 3.27 所示。

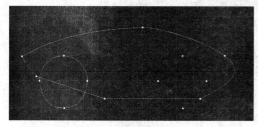

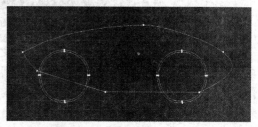

图 3.26　　　　　　　　　　　　　　　　　图 3.27

（6）在顶视图的图形上右击，从弹出的快捷菜单上选择 Sub-Object→Top Level 选项。

（7）单击主工具栏的 Select by Name 按钮，出现 Select Objects 对话框。所有圆都包含在 Line01 中，单击 Cancel 按钮将其关闭。

3. 使用二维图形的布尔运算

（1）在顶视图中选择场景中的图形。

（2）在 Modify 命令面板的编辑修改器堆栈显示区域展开次对象列表，然后单击 Spline，在顶视图中单击车身样条线，如图 3.28 所示。

（3）在 Modify 面板的 Geometry 卷展栏中，单击 Boolean 区域的 Subtraction 按钮。

（4）在顶视图中单击后车轮的外圆，完成布尔减操作，如图 3.29 所示。

图 3.28　　　　　　　　　　　图 3.29

（5）在顶视图中右击，结束 Boolean 操作模式。

（6）在 Modify 面板的编辑修改器堆栈显示区域单击 Line，返回到顶层。

3.2.5　使用 Edit Spline 样条曲线编辑修改器访问次对象层次

（1）在场景中绘制一个圆角矩形，如图 3.30 所示。

（2）选择 Modify 命令面板，打开 Parameters 卷展栏。Parameters 卷展栏是矩形对象独有的。

图 3.30

（3）在 Modify 面板的编辑修改器列表中选择 Edit Spline。

（4）在 Modify 面板将鼠标光标移动到空白处，当其变成手的形状后右击，在弹出的快捷菜单中选择 Close All。Edit Spline 样条曲线编辑修改器的卷展栏与编辑线段时使用的卷展栏一样。

（5）在 Modify 命令面板的堆栈显示区域单击 Rectangle，出现矩形的参数卷展栏，单击 Edit Spline 左边的+号，展开次对象列表。

（6）单击堆栈区域的 🔲 Remove modifier from the stack 按钮，删除 Edit Spline。

3.2.6 使用 Editable Spline 样条曲线编辑修改器访问次对象层次

（1）选择矩形，然后在顶视图的矩形上右击，在弹出的快捷菜单中选择 Convert To（转换为）→Convert to Editable Spline（可编辑样条曲线）选项。

（2）矩形的创建参数没有了，但是可以通过 Editable Spline 访问样条线的次对象层级。

（3）选择 Modify 面板的编辑修改器堆栈显示区域，单击 Editable Spline 左边的+号，展开次对象层级，Editable Spline 的次对象层级与 Edit Spline 的次对象层次相同。

3.3 挤 压 建 模

Extrude（挤压）命令可将一个平面图形增加厚度，使之突出成为一个三维实体，此修改工具只能用于平面图形。在建筑景观建模中常用于构建墙体和窗体。

Extrude 沿着二维对象局部坐标系的 Z 轴给它增加一个厚度。还可以沿着拉伸方向给它指定段数。如果二维图形是封闭的，可以指定拉伸的对象是否有顶面和底面。

Extrude 输出的对象类型可以是 Patch、Mesh 或者 Nurbs，默认的类型是网格（Mesh）。

下面我们就举例来说明如何使用挤出编辑修改器挤出对象。

（1）单击"二维捕捉"按钮，在顶视图用线捕捉网格创建一个图形，如图 3.31 所示。

（2）选择 Modify 面板，从编辑修改器列表中选择"挤出"选项。

（3）在 Modify 面板的 Parameters 卷展栏将数量设置为 110。二维图形被沿着局部坐标系的 Z 轴拉伸。

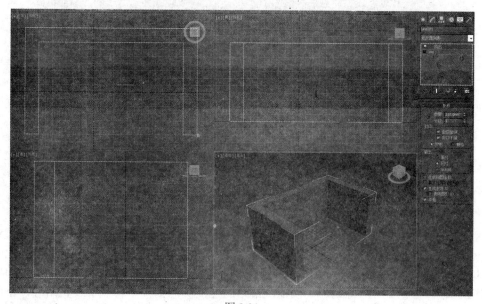

图 3.31

（4）在 Modify 面板的 Parameters 卷展栏，将 Segments 片段数设置为 6。几何体在拉伸方向分了 6 个段。

（5）按 F3 键，将视图切换成明暗显示方式，如图 3.32 所示。

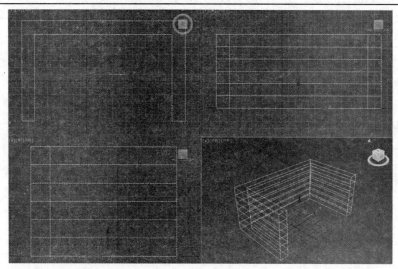

图 3.32

（6）在顶视图画一矩形，挤出 10mm 的高度，如图 3.33 所示。

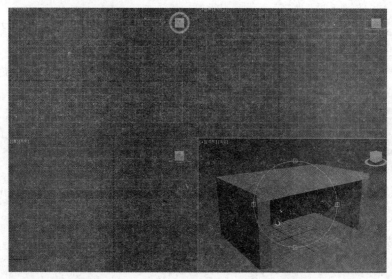

图 3.33

3.4 旋 转 建 模

Lathe 旋转建模是 3ds Max 建模的基本方法，主要用来建立对称的圆形物体，它的原理是围绕一个点旋转一周，得到一个模型，常见的建模实例如杯子、盘子、花瓶等，下面以创建一组化学实验仪器为例说明该命令的使用方法。

（1）在前视图勾画出实验仪器的半剖图，选择 Modify→edit Spline 选项，修改节点，右击，在弹出的快捷菜单中选择 Smooth（平滑）或者 Bezier（贝塞尔曲线）选项，然后用移动工具进行修改，最后加轮廓（双边）值为 1，如图 3.34 所示。

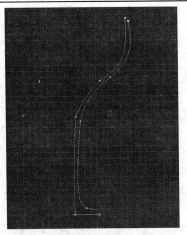

图 3.34

（2）在命令控制面板的图示下拉菜单中选择"车削"选项，以对刚才修改好的图形进行旋转，在"对齐"面板中选"最大"选项，Segments 片段数设置为 36。其他模型也用旋转建模来完成，结果如图 3.35 所示。

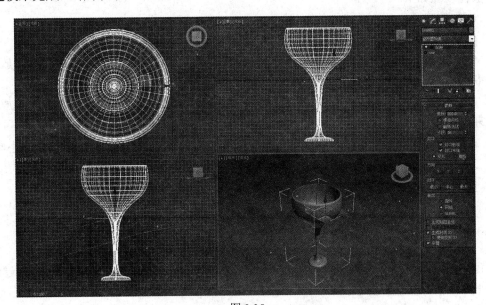

图 3.35

3.5 放 样 建 模

Loft 放样的主要原理是通过一个路径，多个横截面图形生成三维图形，很多不规则的物体采用这种技术建模，在楼梯、窗帘等弯曲复杂的模型建模中经常使用。

放样前首先要完成路径和截面的绘制，路径只能一条，图形可以有多个，至于先指定路径，再拾取图形，还是先指定图形再拾取路径取决于哪个位置不变。不变哪个就先指定哪个，如图 3.36 所示。

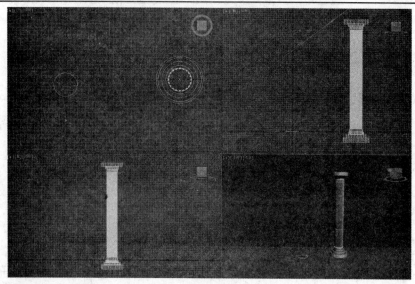

图 3.36

放样步骤如下。

（1）创建要成为放样路径的图形。

（2）创建作为放样横截面的一个或多个图形。

（3）如果选择路径图形，单击"创建面板"→"几何体"→"复合对象"→"放样"→"获取图形"选项。

（4）如果选择截面图形，单击"创建面板"→"几何体"→"复合对象"→"放样"→"获取路径"选项。

（5）使用"获取图形"沿着路径添加附加的图形，可以通过百分比设置路径的不同位置。

（6）使用放样显示设置在线框和着色视图中放样所生成的蒙皮。

3.6 布 尔 运 算

Boolean（布尔运算）主要是两个实体的加减操作，能方便地生成物体，在室内、建筑、景观效果图等建模中经常使用。如在墙体中挖出窗体的位置，用布尔运算就很方便。

3.6.1 布尔运算的概念和基本操作

1. 布尔运算的概念

（1）Boolean 对象是一种基于数学运算的建模方法。

（2）布尔运算的类型：相加、相减、结合。

（3）在布尔运算中常用的三种操作是：

1）Union（并集）：生成代表两个几何体总体的对象。

2）Subtraction（差集）：从一个对象上删除与另外一个对象相交的部分。可以从第一个对象上减去与第二个对象相交的部分，也可以从第二个对象上减去与第一个对象相交的部分。

3）Intersection（交集）：生成代表两个对象相交部分的对象。

（4）创建布尔运算的方法。

1）要创建布尔运算，需要先选择一个运算对象，然后通过 Compounds 标签面板或者 Create 面板中的 Compound Objects 复合物体菜单中选择布尔运算工具。

2）运算对象被称之为 A 和 B。当进行布尔运算时，选择的对象被当作运算对象 A。后加入的对象变成了运算对象 B。

3）选择对象 B 之前，需要指定操作类型是 Union、Intersection 还是 Subtraction。一旦选择了对象 B，就自动完成布尔运算，视图也会更新，也可以在选择了运算对象 B 之后，再选择操作类型。

4）也可以创建嵌套的布尔运算对象。将布尔对象作为一个运算对象进行布尔运算就可以创建嵌套的布尔运算。

（5）显示和更新选项。在 Parameters 卷展栏下面是 Display/Update 卷展栏。该卷展栏的显示选项允许按如下几种方法观察运算对象或者运算结果。

1）Result（结果）：这是默认的选项。它只显示运算的最后结果。

2）Operands（运算对象）：显示运算对象 A 和运算对象 B。

3）Result + Hidden Operands（最后结果+隐藏的对象）：显示最后的结果和运算中去掉的部分，去掉的部分按线框方式显示。

2. 布尔运算的基本操作

（1）继续绘图，首先复制顶并移动到地面位置，在顶视图左面墙体上绘制一个长方体，作为窗的位置，如图 3.37 所示。

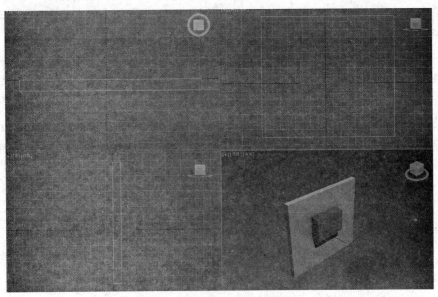

图 3.37

（2）先选择墙体，然后再在"创建"→"几何体"下拉三角中选择"复合对象"→"布尔"选项，拾取操作对象 B，单击窗体，如图 3.38 所示。

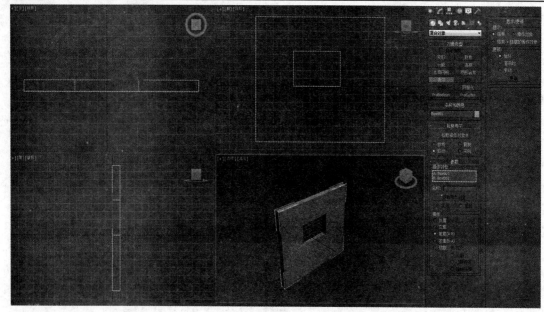

图 3.38

3.6.2 编辑布尔对象

当创建完布尔对象后，运算对象被显示在编辑修改器堆栈的显示区域。可以通过 Modify 面板编辑布尔对象和它的运算对象。在编辑修改器显示区域，布尔对象显示在层级的最顶层。可以展开布尔层级来显示运算对象，这样就可以访问在当前布尔对象或者嵌套布尔对象中的运算对象。可以改变布尔对象的创建参数，也可以给运算对象增加编辑修改器，在视图中更新布尔运算对象。

可以从布尔运算中分离出运算对象。分离的对象可以是原来对象的复制品，也可以是原来对象的关联复制品。如果采用复制的方式分离对象，它将与原始对象无关。如果采用关联的方式分离对象，对分离对象进行的任何改变都将影响布尔对象。采用关联的方式分离对象是编辑布尔对象的一个简单方法，这样就不需要频繁使用 Modify 面板中的层级列表。对象被分离后，仍然处于原来的位置。因此需要移动对象才能看清楚。创建布尔差集运算的步骤如下。

（1）在场景中创建 1 个锥体、2 个圆柱，如图 3.39 所示。

（2）选择锥体，单击"创建"→"几何体"→"复合物体"→"布尔"→"选差集"选项，拾取操作对象 B，拾取圆柱 1，如图 3.40 所示。

（3）在透视图右击，结束布尔运算。（这一步很重要，连续布尔运算不能嵌套）

（4）选择运算过的球体，单击"布尔"选项，拾取操作对象 B，拾取圆柱 2，在透视图右击，结束操作，完成嵌套布尔运算。

如图 3.39 所示为创建布尔运算的实体。如图 3.40 所示为布尔运算——差集。如图 3.41 所示为布尔运算——嵌套。

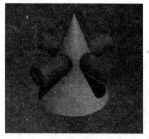

图 3.39

图 3.40

图 3.41

案例教学：将 CAD 室内平面图导入并进行三维建模

（1）导入场景文件"华瑞中心会议室.DWG"平面图，如图 3.42 所示。

图 3.42

（2）建立室内墙面。在顶视图将 CAD 平面图的墙体拉伸 0.24m，并用布尔运算将窗户运算掉，再用长方体画一地面，并在顶视图安装一个目标摄像机，选择透视图，按 C 键切换成摄像机视图，如图 3.43 所示。

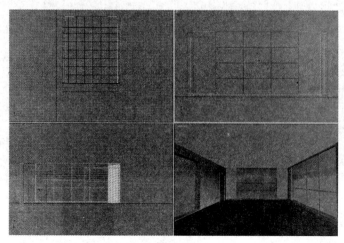

图 3.43

（3）在顶视图绘制吊顶。用长方体绘制吊顶的一块，再用移动工具配合 **Shift** 键复制几块吊顶，在四视图中调整吊顶的位置，如图 3.44 所示。

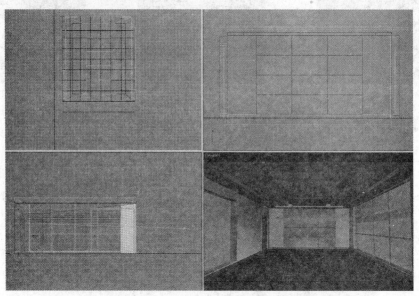

图 3.44

（4）绘制吊顶灯。中间一排 5 对，两边各 5 个筒灯。用管状体绘制一个灯的外围，球体绘制灯，并通过移动、镜像复制成三排，如图 3.45 所示。

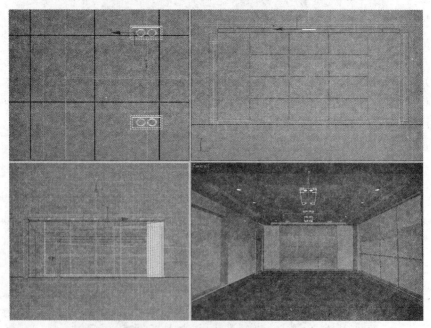

图 3.45

（5）把第 1 章案例教学场景中所绘制的椅子、会议桌导入进来，会议室的建模就基本完成，如图 3.46 所示。

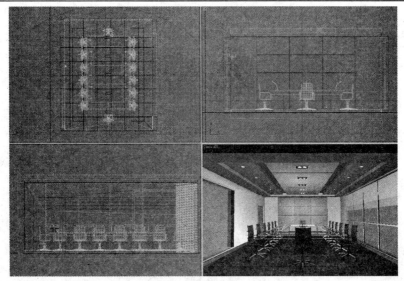

图 3.46

课堂练习 1：扇子放样建模

扇子放样建模，如图 3.47 所示。

图 3.47

课堂练习 2：亭子放样建模

亭子放样建模，如图 3.48 所示。

图 3.48

课堂练习 3：香蕉建模

香蕉建模，如图 3.49 所示。

图 3.49

本 章 小 结

本章重点介绍了 3ds Max 中样条线的编辑方法，样条曲线在园林建模中很重要，为了保证建模的准确性，需要直接将 CAD 图导入 3ds Max 中，然后结合一些常用的建模方法，比如 boolean 布尔运算、LOFT 放样等进行建模，二维图形的编辑方法是本章要重点掌握的内容。

第4章　三维图形编辑

复杂的模型仅仅用几何体建模是不能完成操作的，需要配合各种编辑命令才能达到要求，本章对三维图形编辑进行讲解，主要是网格、多边形和面片编辑建模，在进行编辑前，首先要将其转换为可编辑网格、多边形或面片，这样才能对其进行操作。NURBS 建模也是一个非常有用的建模方法。

4.1　网　格　建　模

Edit Mest（编辑网格）和 Editable Mesh（可编辑网格）用于对具有厚度的对象进行修改和编辑。它们都有点、边、面、多边形、元素子层级，但 Edit Mest（编辑网格）修改命令在修改堆栈里依然保留着原物体，还可以返回上一层进行参数修改，要修改的物体一旦转换为 Editable Mesh（可编辑网格）就不能再返回上一级原物体层，也就意味着不能再进行原始参数的修改。如图 4.1 所示，所有的参数面板都一样，只在修改堆栈里有区别。

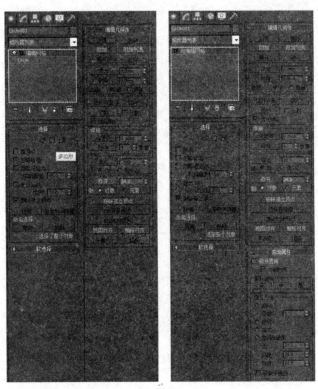

图 4.1

在物体上右击，出现如图 4.2（a）所示的"转换为可编辑网格"选项，转换完以后再右击，弹出如图 4.2 所示的相关功能选项。

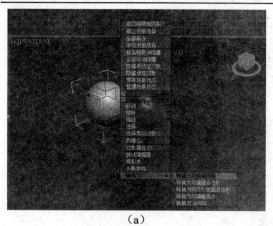
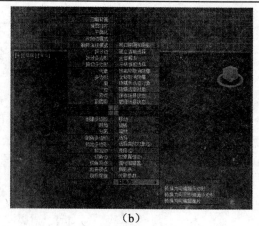

（a）　　　　　　　　　　（b）

图 4.2

网格由 5 种构成元素组成：点、边、面、多边形、元素。这 5 个元素的快捷键分别为 1、2、3、4、5。选择不同的下级元素会激活不同的命令。

（1）顶点。顶点可以修改点，并用于移动、旋转、调节大小等。

1）选择参数：5 种元素既可以在堆栈中选，也可以在选择参数下单击按钮选。

2）按顶点：可以把与选定点连接的部分全部选定。

3）忽略背面：选择此项则不能选择后面看不见的点。

4）忽略可见边：只能在多边形区域中使用，选择表面时，可以把设定范围里表面全选。

5）显示法线：显示选定表面的法线。

6）比例：调整法线的长度。

7）删除孤岛顶点：设置在删除了对象以后，是否连同点一起删除。

8）隐藏：在视图中隐藏相应区域中隐藏的部分。

9）全部取消隐藏：显示出相应区域中隐藏的部分。

10）复制：保存设定好名称的部分。

11）粘贴：粘贴通过拷贝保存的内容。

（2）软选择。通过设置，在移动选定点时，周围的点也受影响。

1）使用软选择：打开软选择。

2）边距离：以衰减中确定的范围为基准，设定选定点和影响点之间的距离。

3）影响背面：对选定点对面的点产生影响。

4）衰减：设定选定点周围受影响的范围。

5）收缩：设定是否对选定点一边增加影响力。

6）膨胀：设置是否对受到影响的点增加影响力。

4.2　多边形建模

多边形建模方式是 3ds Max 中运用最广的建模方式。它的功能与编辑网格的最大区别是没有三角形单位。多边形建模是学习 3ds Max 的重点，Edit Poly（编辑多边形）与 Editable Poly（可编辑多边形）的区别也在堆栈里。如图 4.3 所示是多边形编辑的参数。

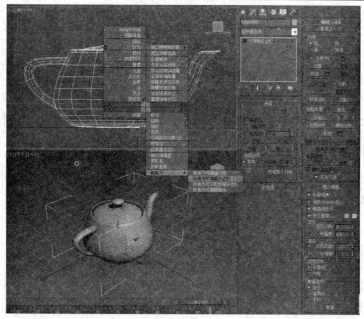

图 4.3

4.2.1 选择功能

选择卷展栏，这里包含了选择子物体方面的所有功能，上面的 5 个按钮分别对应于多边形的 5 种子物体（点，边，边界，面，元素），被激活的子物体按钮以黄色显示，再次单击该按钮则退出当前的子层级，也可以直接单击进入别的子层级，快捷键分别为 1，2，3，4，5，小键盘上的数字键不能用，如图 4.4 所示。

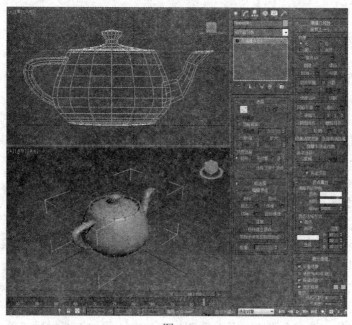

图 4.4

（1）通过点、忽略背面与编辑网格相同。

（2）通过角度：如果与选择的面所成角度在后面输入框所设的阀值范围内，这些面会同时被选择。

（3）起加强选择功能的四个按钮：Shrink（收缩）选择区域、Grow（扩张）选择区域、Ring 为选中与当前边平行的所有边，此功能只能应用在边和边界层级中，Loop 为选中可以与当前选择的部分构成一个循环的子物体，此功能也只能应用在边和边界层级中。

（4）卷展栏底部是当前选择状态的信息。

（5）还可以使用 Ctrl 和 Shift 键来选择子物体的选择集。当按住 ctrl 键并单击别的子层级按钮时，可以将当前选择集转变为在新层级中与原来选择集相关联的所有子物体；当同时按住 Ctrl 和 Shift 键时，可以将当前选择集转变为新层级中被原来选择集包括的所有子物体。

4.2.2 软选择

软选择可以将当前选择的子层级的作用范围向四面扩散，当变换时，离原选择集越近的地方受影响越强，离原选择集越远的地方受影响越弱。

（1）使用软选择：只有勾选此项软选择才起作用。

（2）边距离：可以由边的数目来限制作用的范围，具体的值可以在后面的输入框中设定，而且它将使作用范围成方形，一般情况下软选择的作用范围是圆形。

（3）影响背面：作用力将会影响物体的背面，默认为勾选状态。

（4）衰减、收缩、膨胀三项为调节软选择衰减范围的形态，并且此形态显示为下方的曲线图形。

（5）着色表面开关：视图中的面将显示被着色的面效果，这样使衰减范围更加清楚，再次单击则取消。

（6）锁定：锁定软选择衰减范围。

（7）绘制软选择区域：可以用鼠标直接在物体上绘制出软选择区域，可以绘制出任意的图形。

（8）选择值：用来控制作用力的范围，值越小绘制出的区域所受的作用力就越小。

4.2.3 细分曲面

细分曲面可以将当前的多边形网格进行光滑处理。**NURMS** 没有光滑后的控制点，它只能应用于整个网格物体。细分曲面卷展栏如图 4.5 所示。

（1）光滑结果：对所有的多边形网格应用同一光滑组。

（2）等值线显示：用来控制多边形网格上的轮廓线显示，轮廓线的显示比起以前细密的网格显示状态显得更加直观，默认为勾选状态。

（3）显示区域：用来控制视图中多边形细分和光滑状态的显示，为了保证视图操作的流畅性，在创建复杂度较高的模型时，最好将显示区域中的迭代次数设为 0，将下面渲染区域中的迭代次数设为 1，这样既可以保证操作的流畅，又能在渲染时看到细分后的效果。

（4）分离区域内有两个选项，如果勾选平滑组选项，3ds Max 将会在不共享光滑组的边界两端分别细分，这样会形成一条非常明显的边界；假如勾选材质选项，3ds Max 将会在不共享同一材质 ID 的面上分别细分，结果也是形成明显的边界。

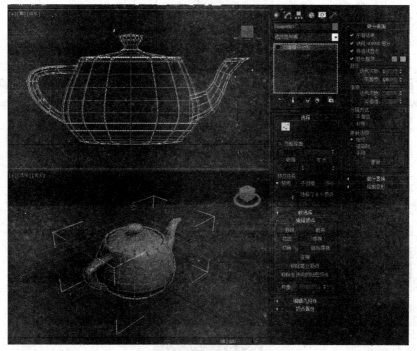

图 4.5

（5）在更新选项区域时，选择何时将视图中的多边形更新为细分状态，这种更新方式最直观，也是最耗费系统资源的；渲染时，只有在渲染时才对视图进行更新；手动更新时，在更新时需要单击更新按钮。

4.2.4　编辑点

这个卷展栏中包含针对点编辑的命令，如图 4.6 所示。

图 4.6

（1）挤出：无论是挤压一个点还是多个点，对于单个点的效果都是一样的，单击"挤压"按钮，然后直接在视图上单击并拖拽点，左右移动鼠标，此点会分解出与其所连接的边数目相同的点，再上下移动鼠标会挤压出一个锥体的外形，也可以打开它的设置框进行精确挤压。

（2）切角：相当于挤压时只左右移动鼠标将点分解的效果，它的设置框中只有一项倒角数值。

（3）连接：可以在一对选择点之间创建出新的边，两点应在同一个面内。

（4）移除孤立顶点：可以将不属于任何多边形的独立点删除。

（5）删除未使用的贴图顶点：可将孤立的贴图顶点删除。

（6）权重：可以调节被选节点的权重。要想看到权重调节的效果应该至少将多边形细分一次，然后选择点并调节该值就可以看到效果，大于 1 的值可以将点所对应的面向点的方向拉近，小于 1 的值将点所对应的面向远离点的方向推远。

4.2.5 编辑边

"编辑边"卷展栏是编辑多边形的边的，如图 4.7 所示。

图 4.7

（1）插入顶点：在边的任意位置插入点，当按下此按钮后，物体上的点会显示出来。

（2）挤出：此命令的操作方法和设置框都与挤压点相同。

（3）切角：可以将选定的线段分解为两条线段。

（4）连接：可以在被选的每对边之间创建新的边，生成新边的数量可以在右侧设置，创建的新边的间距是相同的。

（5）利用所选内容创建图形：将选择的边复制分离出来成为新的边，它将脱离当前的多边形变成一条独立的曲线。操作步骤是，首先选择要复制分离出去的边，然后单击此按钮，在弹出的窗口为物体重命名，再选择曲线类型，然后单击 OK 按钮确定即可。

（6）weight（权重）和 crease（折缝）：多边形要至少细分一次，否则看不到效果，然后选择边并调节该值就可以在视图中直接看到效果了，大于 1 的值可以将点所对应的面向所选边的方向拉近，小于 1 的值将点所对应的面向远离所选边的方向推远。

（7）编辑三角形：按钮被按下后，多边形的隐藏边会显示出来，可以看出多边形是由三角面够成的，可以通过连接两个点来改变三角面连线的走向；"旋转"按钮也是改变三角面连线的走向，不过它只要单击视图中三角面的连线就可以，一定要单击虚线。

4.2.6 编辑边界线

假如一条线只有一侧连着面，那么它就是一段边界。"编辑边界"卷展栏如图 4.8 所示。

图 4.8

使用"插入顶点"命令可以在边界上任意位置插入点;"封口"命令可以将选择的闭合边界进行封盖,"挤出"可以挤压边界;"切角"可以将边界分解为两条;"连接"是在两条相邻的边界之间的面上创建连接线;"利用所选内容创建图形"是将选择的边界复制分离出来;下方的输入框是调节边界"权重"和"折缝"值的。桥是将两条边界连接起来,就像在两者之间创建一条通道。

4.2.7　编辑多边形

面是多边形中非常重要的子物体,"编辑多边形"卷展栏如图 4.9 所示。

图 4.9

（1）插入顶点:可以在面上直接单击来插入点。

（2）轮廓:使被选面沿着自身的平面坐标放大和缩小,可以在它的设置窗口输入数值进行控制。

（3）插入:是在选择的面中再插入一个没有高度的面,它有两种插入类型:一种是根据选择的组坐标进行插入;另一种是根据单个面自身的坐标进行插入。

（4）桥:与编辑边界中的 bridge 相同,但这里选择的是对应的面。

（5）从边旋转和沿样条线挤出:是在挤出的基础上加强了的挤压功能,可以有效地提高建模速度。两者在使用时都要先在其设置框中进行设置。

4.2.8　编辑元素

"编辑元素"的设置,如图 4.10 所示。

（1）插入顶点:可以在元素上直接单击来插入点。

（2）翻转:可以使选中元素的表面法线翻转。

（3）编辑三角剖分:按钮被按下后,元素会被显示为三角面构成,这时可以通过连接两个点来改变三角面连线的走向。

（4）重复三角算法：将选择的元素中的多边面，超过 4 条边的面自动以最好的方式进行划分。

（5）旋转：改变三角面连线的走向，选中后单击视图中三角面的连线就可以了（注意三角面的连线是用虚线表示的）。

图 4.10

4.2.9　编辑几何体

"编辑几何体"卷展栏中的设置可用于整个物体，不过有些命令是有先进入相应子层级限制的，如图 4.11 所示。

图 4.11

（1）重复上一个：将最近一次修改重复应用到刚选择的子物体上。

（2）约束：默认状态下是没有约束的，这时子物体可以在三维空间中不受任何限制地自由变换。一种是沿着边的方向进行移动；另一种是在它所属的面上进行移动。

（3）保持 UV：保持贴图不变，勾选此项，再移动子物体时，贴图就会留在原位不跟着移动，保持了正确的贴图效果。

（4）创建：可以创建点、边、面子物体。

（5）塌陷：只能应用在点、线、轮廓线和面层级中，也就是将选择的多个子物体塌陷为一个子物体，塌陷的位置是原选择集的中心。

（6）网络平滑：可以控制光滑的程度和分离的方式。

（7）细化：可以增加多边形的局部网格密度，它有两种细分类型，根据边细分或根据面细分。

（8）平面化：将选择的子物体变换在同一平面上，X、Y、Z 三个按钮分别把选择的子物体变换到垂直于 X、Y 和 Z 轴向的平面上。

（9）视图对齐：将被选子物体对齐到当前视图平面上。

（10）栅格对齐：将被选子物体对齐到当前激活的网格上。

（11）松弛：可以使被选的子物体的相互位置更加均匀。

4.2.10 平滑组和顶点颜色

多边形卷展栏中的命令用来调节多边形的面，对于面的调节主要包括面的材质和面的光滑组，如图 4.12 所示。在卷展栏的下方还有编辑顶点颜色的区域。

图 4.12

选择要指定材质 ID 的面，然后在设置 ID 右侧的输入框中输入 ID 号，这是在对多边形应用多维子材质时必做的操作；在选择 ID 右侧输入要选面的 ID 值，然后单击"选择 ID"按钮，对应这个 ID 号的所有边都会被选中；如果当前的多边形已经被赋予了多维子材质，那么在下面的列表框中就会显示出子材质的名称，通过选择子材质的名称就可选中相应的面；后面的"清除选定内容"复选框如处于勾选状态，则新选择的子物体会将原来的选择替换掉；如处于未勾选状态，新选择的部分会累加到原来的选择上。

选择面，然后单击下面的数值钮来为其指定一个光滑组，单击"按平滑组选择"按钮，在弹出的窗口中输入光滑 ID 号，就可以选中相应的面；清除命令是从选择的面中删除所有的光滑组；自动平滑命令可以基于面之间所成的角度来设置光滑组，如两个相邻的面所成角度小于右侧输入框中的数值。这两个面会被指定同一光滑组。

4.2.11 绘制变形

绘制变形就是用鼠标通过推拉面的操作直接在曲面上绘制，类似雕刻的方法。如图 4.13 所示。

图 4.13

单击 push/pull（推/拉）按钮，然后在多边形上直接绘制，这时鼠标箭头变成一个圆圈，这是它的作用范围；relax（松弛）命令可以使尖锐的表面在保持大致形态不变的情况下变得光滑一些；revert（复原）命令可以使推拉过的面恢复原状，前提是未单击下方的"提交"按钮或"取消"按钮。

push/pull direction（推/拉方向）有三种：选中 original（原始法线）时，推拉的方向总是沿着原始曲面的方向，不管面的方向如何改变；选中 deformed（变形法线）时，推拉的方向会随着曲面方向的改变而改变，而且它总垂直于新变化的面的方向；还可沿着 transform axis（变换轴）进行推拉，可以选择 x 轴、y 轴或 z 轴。

push/pull value（推拉值）决定一次推拉的距离，正值为向外拉出，负值为向内推进；brush size 值用来调节笔刷的尺寸，也就是视图中笔刷圆圈范围的大小；brush strength 值用来控制笔刷的强度。

4.3　面　片　建　模

面片是根据样条线边界形成的 Bezier 表面。面片建模不但直观，而且可以参数化地调整网格密度，如图 4.14 所示。

图 4.14

面片的样条线网络被定义为面片的构架。可以用各种方法创建样条线构架，例如手工绘制样条线，或者使用标准的二维图形和 Cross Section 编辑修改器。还可以通过给样条线构架应用 Surface 编辑修改器创建面片表面。Surface 编辑修改器用来分析样条线构架，并在满足样条线构架要求的所有区域创建面片表面。

（1）对样条线的要求。可以用 3～4 个边来创建面片。作为边的样条线节点必须分布在每个边上，每个边的节点必须相交。样条线构架类似于一个网，网的每个区域有 3～4 个边。

（2）Cross Section 编辑修改器。Cross Section 编辑修改器自动根据一系列样条线创建样条线构架。该编辑修改器自动在样条线节点间创建交叉的样条线，形成合法的面片构架。为了使 Cross Section 编辑修改器更有效地工作，最好使每个样条线有相同的节点数。在应用 Cross Section 编辑修改器之前，必须将样条线结合到一起，形成一个二维图形。Cross Section 编辑修改器在样条线上创建节点的类型可以是 Linear，Smooth，Bezier 和 Bezier corner 中的任何一个。节点类型影响表面的光滑程度。

（3）Surface 编辑修改器。定义好样条线构架后，就可以应用 Surface 编辑修改器了。Surface 编辑修改器在构架上生成 Bezier 表面。表面创建参数和设置包括表面法线的反转选项、删除内部面片选项和设置插值步数选项。

表面法线指定表面的外侧，对窗口显示和最后渲染的结果影响很大。

（4）Steps（步幅）调整面片网格的密度。如果一个面片表面被转换成 Editable Mesh，网格的密度将与面片表面的密度匹配。用户可以复制几个面片模型，并设置不同的插值，然后将它转换成网格对象，观察多边形数目的差异。

4.4　NURBS　建　模

NURBS（Non-Uniform Rational B-Splines）的意思是非均匀有理 B 样条曲面，非均匀性是指每个控制点的控制影响范围可以改变，有理是指 NURBS 模型可以用数学表达式来定义。通过点、线、面的组合完成建模，点、线、面的控制方式灵活，可以生成任意复杂的模型，在相互连接的表面里不会产生直角，形成的表面光滑，较适合于工业产品的多表面设计和复杂的生物模型。

NURBS 建模和多边形建模的主要区别是，NURBS 建模建好后没有网格，表面光滑度高，建模效率高，模型面数少，节省系统资源。但 NURBS 建模在修改上不具有多边形建模的丰富性，所以它在 3ds Max 中一直没被作为主要的建模方法。

NURBS 建模时通常遵循以下步骤，先建立模型轮廓，可以由面片物体转化或直接由 NURBS 曲线轮廓围成曲面。然后进入修改命令面板，在次级物体层级勾画出模型细部。需要注意的是，在一个 NURBS 模型中，次物体从其相互关联方面的性质可分为从属次物体和独立次物体，从属次物体被显示为绿色，执行命令时产生的次物体多属于从属次物体，它不能独立编辑，可通过修改它的从属对象来修改它。独立次物体显示为白色，可进行独立编辑。从属次物体可通过 Make Independent 命令转化为独立次物体。这个命令在 NURBS 建模时经常用到。但很多从属次物体对其从属对象起到形状限制作用，对其使用该命令会引起从属对象外形变化。

4.4.1　创建 NURBS 曲线

在 Create(创建)命令面板中的 Shapes 项目栏中选择 NURBS CV 菜单项,在 Object Type（物体类型）卷展栏中看到 Point Curve（点曲面）与 CV Curve 的命令按钮,分别是 NURBS 曲线的 Point Curve 卷展栏与 CV Curve 卷展栏。

4.4.2　利用 NURBS 曲线生成 NURBS 曲面

NURBS 曲线和普通的样条曲线一样，可以用来作为放样和运动路径；同时通过在修改器中利用工具箱，可用 NURBS 曲面创建复杂表面。

案例教学 1：庭廊的制作

1．制作庭廊

制作完的庭廊如图 4.15 所示。

图 4.15

（1）这个建筑小品主要由房顶、房顶架、柱子、护栏、底座等部分组成。技术难点是制作房顶、房架和护栏，如图 4.16 所示。

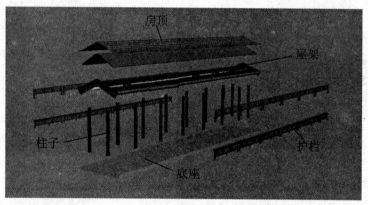

图 4.16

（2）制作柱子和底座。先绘制柱子的顶视图，方法是先画个矩形，然后添加 Edit Spline 命令，在点级别中选 chamfer（倒角）命令，然后选中线级别，在每个角上用 Break（打断）命令添加一个点，再回到点级别，Weld 融合所有点如图 4.17 所示，调整点后如图 4.18 所示。

图 4.17

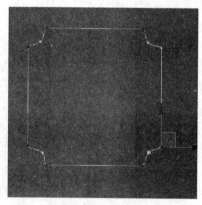

图 4.18

（3）选择 Extrude（拉伸）命令，输入参数后的效果如图 4.19 所示。

图 4.19

（4）在 TOP 视图中阵列复制 8 根柱子，如图 4.20 所示。

图 4.20

（5）选中所有柱子，阵列另一组，如图 4.21 所示。

图 4.21

（6）选中所有柱子，进行群组，并命名为柱子。

（7）在图层管理器中可以新建一个层，将所有的柱子放在一个层里，这样便于管理，如图 4.22 所示。

图 4.22

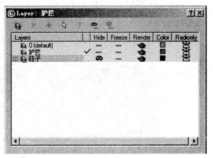

图 4.23

2. 制作护栏

（1）新建一个层，隐藏柱子层。如图 4.23 所示。

（2）护栏结构大多采用拉伸的方法建模，如图 4.24 所示是它的平面图分析，提取单个元素进行复制。导入平面图，根据常识和参考前面的长度设置比例，如图 4.25 所示。

图 4.24

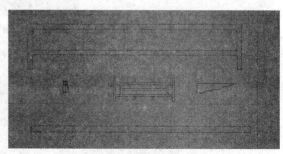

图 4.25

（3）在 Front（前）视图绘制这几部分的平面图，用 Extrude（拉伸）命令拉出厚度，如图 4.26 所示。

（4）最后进行组合，得出一组护栏，然后群组，如图 4.27 所示。

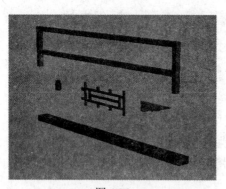

图 4.26

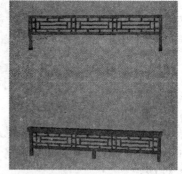

图 4.27

注意：随时切换视图，使用捕捉命令进行对齐，捕捉命令的快捷键是 S。

（5）最后显示柱子层，在顶视图组合护栏和柱子，如图 4.28 所示。

图 4.28

3. 制作房顶

房顶是长条形的结构，可以利用 loft（放样）命令建模，同时使用 shell 命令增加结构的厚度。

（1）在左视图画一个屋顶的剖面图，如图 4.29 所示，为了保证结构对称，沿 Y 轴镜像另一半，如果有施工图，可以直接全部画完，如图 4.30 所示。合并两组线条，方法是单击一组线条，然后选择 Attach（结合）命令，将其转换为样条曲线，再焊接交互的点，如图 4.31 所示。

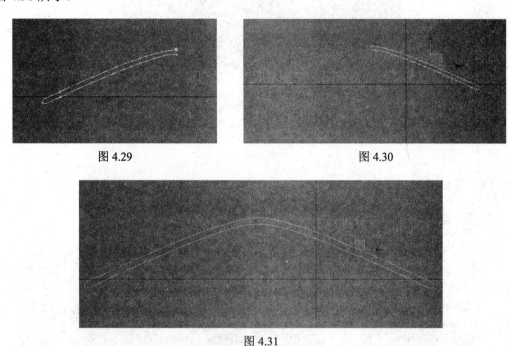

图 4.29   图 4.30

图 4.31

（2）然后以顶视图一条 3 米长的直线为路径，用左放样可得到如图 4.32 所示。

图 4.32

（3）制作屋顶的内部。屋顶的内部和屋顶结构相同，我们可以复制屋顶，然后增加厚度，增加厚度的方法是添加一个 shell 命令。

（4）删除房顶多余的面。方法是将房顶转换成多边形，然后在修改面板中切换到面级别，忽略背面的面，选中多余的面将其删除。可以多删除点边沿的面，因为下面部分比房顶要小些，效果如图 4.33 所示。

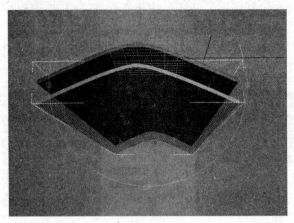

图 4.33

（5）最后添加 shell 命令，如图 4.34 所示，最后效果如图 4.35 所示。

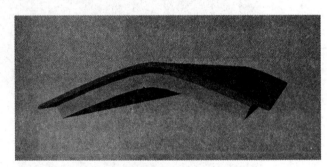

图 4.34   图 4.35

（6）房架部分和底座是几何体的组合，最后效果如图 4.36 所示。

图 4.36

案例教学 2：椅子建模

椅子建模如图 4.37 所示，分析可知该椅子的几个部分可以单独建模，如图 4.38 所示。

图 4.37

图 4.38

（1）椅子靠背建模。采用拉伸的方法，首先在前视图中画椅子靠背的截面图，如图 4.39 所示，然后对其进行拉伸，拉伸一定的厚度，如图 4.40 所示。

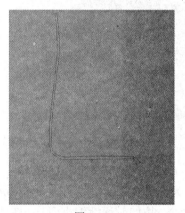

图 4.39

图 4.40

1）靠背边沿建模，沿着靠背的截面画一条曲线，然后用圆画一截面，如图 4.41 所示。在命令面板中选择 loft（放样）命令，选择曲线，然后拾取图形，单击圆形，得到靠背的边缘，如图 4.42 所示。最后复制到另一边，效果如图 4.43 所示。

图 4.41

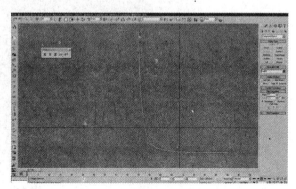

图 4.42

2）采用同样的方法制作扶手，如图 4.44 所示。

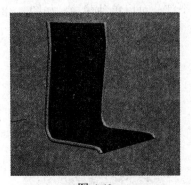
图 4.43

图 4.44

（2）制作底座。先做中间的支柱，中间的支柱采用多边形拉伸的方法，先画一个截面，如图 4.45 所示，然后将其转换为多边形。

图 4.45

1）将底座独立显示，在修改面板中将其转换为面 plygeon 模式，使用 Extrude 命令拉伸一定高度，如图 4.46 所示，连续几次使用拉伸命令，拉伸时逐渐缩小面，如图 4.47 所示。如果拉伸的比例把握不准，可以在旁边画一条线段作为参考，如图 4.48 所示。

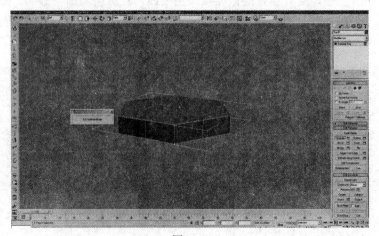
图 4.46

2）参考这条线段再做几次拉伸，效果如图 4.49 所示。

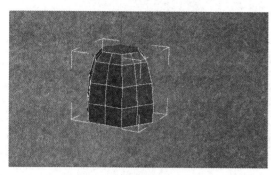

图 4.47

图 4.48

注意：拉伸时要配合缩放命令和移动命令。

3）将底座柱子摆放到正确位置，如图 4.50 所示。

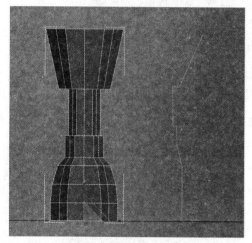

图 4.49

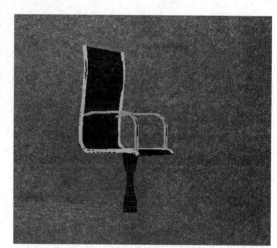

图 4.50

（3）制作底座支架，如图 4.51 所示。

图 4.51

1）仍然使用挤压建模的方法，在视图中画一长方体，高度的段数为5，如图4.52所示。将几何体转换成多边形，切换到左视图，选择上下两个面的线条，如图4.53所示。缩小一定比例，如图4.54所示。再缩小里面两圈线段，如图4.55所示。效果如图4.56所示。

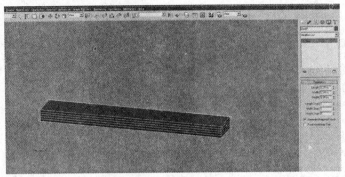

图 4.52

图 4.53

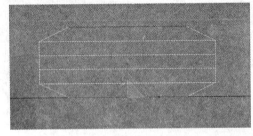

图 4.54

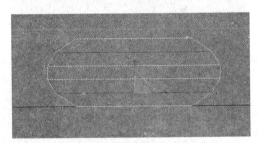

图 4.55

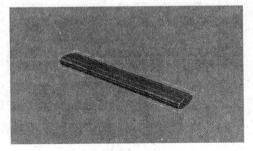

图 4.56

注意：缩放时注意轴线只是宽窄的缩放。

2）选择支架侧面的线条，使用分割命令将其分割。同样的方法再分割几段，如图 4.57 所示，调整其形状，如图 4.58 所示。

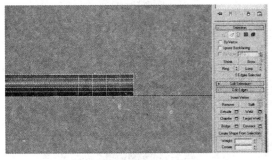
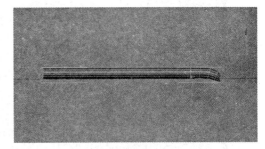

图 4.57   图 4.58

3）选中上面两个点，向下压缩成一定形状，如图 4.59 所示，这样椅子底座支架就做好了，然后复制其他几条底座支架，最后效果如图 4.60 所示。

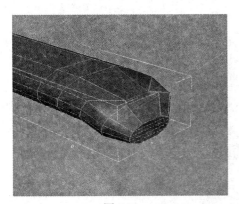

图 4.59   图 4.60

（4）轮子的制作。轮子采用 Lathe（车削）命令来制作，先在前视图画一条线段，如图 4.61 所示。然后在修改面板中选择 Lahte 命令，如图 4.62 所示。

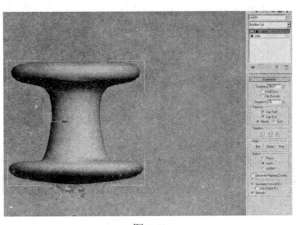

图 4.61   图 4.62

1）复制其他几个轮子，并摆放到相应位置，如图 4.63 所示，最后制作支架与轮子的连接杆。效果如图 4.64 所示。

图 4.63

图 4.64

2）最后效果如图 4.65 所示。

图 4.65

课堂练习：多边形建模
用多边形建模方法制作一些园林小品。

本 章 小 结

本章介绍了网格建模、多边形建模、面片建模、NURBS 建模等比较重要的建模方法，多边形建模是园林景观建模中的常用方法，当基本几何体建模不能满足要求时，我们就要编辑多边形，多边形的编辑方法更自由，更丰富，使用多边形建模的方法可以建出任何模型。

第 5 章　基本材质及贴图方法

建模是否逼真以及能否体现强烈的视觉效果，材质和贴图是体现物体质感的关键因素。

5.1　材质与贴图的概念

所谓材质，是指分配给场景中对象的表面数据，它体现的是质感，比如说是金属的还是塑料的。贴图是将一幅图像贴在对象的表面上，并以这种方式模拟真实的效果，体现的是物体表面的纹理。

被指定了材质的对象在渲染后，将表现特定的颜色、反光度和透明度等外表特性。这样对象看起来就比较真实，其表面具有光泽、能够反射或折射光以及透明或半透明等特征。

不同的材质，例如金属、塑料、木材和石头等在灯光照射下的反光是不同的。根据反光的强度可将对象表面分为三个区域：Ambient（环境光）、Diffuse（漫反射）、Specular（高光）。金属材质的 Specular（高光区）亮度高，区域小；石头材质的 Specular（高光区）亮度低，区域大。对于表面纹理较为复杂的材质，如木纹、花纹等，多配合使用贴图技术。

一个对象可以使用多种贴图类型。例如，Bump 贴图用来表现对象表面的凹凸不平，Reflection 贴图用来表现对象的反光效果。为了更好地编辑材质，可以在材质中加入多种贴图纹理，可以说加入贴图是为了更好地表现材质。简单的理解，贴图是表现纹理，材质是表现质感。

（1）材质编辑器的三种打开方式。

1）单击主工具栏中的"材质编辑器"按钮。

2）单击"渲染"菜单中的"材质编辑器"按钮。

3）键入 M。

（2）材质编辑器提供创建和编辑材质以及贴图功能。材质可以在场景中创建更为真实的效果。材质描述对象反射或透射灯光的方式。材质属性与灯光属性相辅相成；着色或渲染将两者合并，用于模拟对象在真实场景中的情况。可以将材质应用到单个对象或选择集中；一个场景可以包含许多不同的材质。创建新的材质会清除"撤消/重做"列表。

（3）查看"材质编辑器"。"材质编辑器"对话框用于查看材质预览。第一次打开"材质编辑器"时，材质预览具有统一的默认颜色。"材质编辑器"对话框如图 5.1 所示。

材质编辑器的功能按钮包括如下几种：

1）● Sample Type flyout（样本类型弹出）：允许改变样本窗中样本材质形式，有球形、圆柱、盒子和自定义 4 种选项。

2）● Backlight（背光）：显示材质受背光照射的样子。

3）▨ Background（背景）：允许打开样本窗的背景，特别适用于透明材质。

4）■ Sample UV Tiling flyoutUV（样本重复弹出）：允许改变编辑器中材质的重复次数，不影响应用于对象的重复次数。

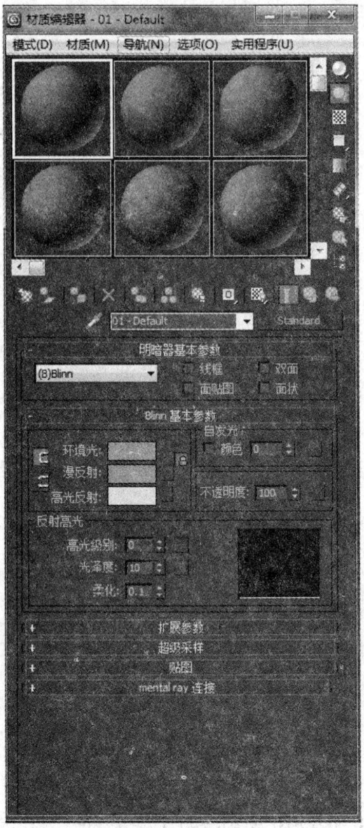

5） Video Color Check（视频颜色检查）：检查无效的视频颜色。

6） Make Preview（预览）：制作动画材质的预览效果。

7） Material Editor Options（材质编辑选项）：用于样本窗的各项设置。

8）Select By Material（根据材质选择）：使用 Select Object 对话框选择场景中的对象。

9）Material/Map Navigator（材质/贴图导航器）：允许查看组织好的层级中的材质层次。

10） 用于获取材质。从材质/贴图浏览器中获取合适的材质。

11） 重新修改物体中使用的材质。

12） 将指定的材质赋予视图中处于选中状态的物体。

13） 删除选定的材质。

14） 复制材质。但使用 Drag&Drop 进行复制效果更佳。

15） 将关联复制的材质转换为独立材质。

16） 将编辑好的材质保存到材质库。

17） 有 0～15 号共 16 条通道，可以将其中任意一个通道指定为 Video Post 通道，使材质产生特殊效果。

18） 在视图中显示材质贴图效果。显卡不同，运行速度也不一样，但是它仍然是十分常用的功能。

19） 在多个图层中使用贴图时，可以使用这个选项显示最终结果，关闭此选项便只能显示当前图层中的贴图效果。

20） 返回上层材质。在材质编辑器顶层显示为灰色。

21） 转到下层材质。无下一层显示为灰色。

图 5.1

5.2 材质与贴图的类型

标准类型材质是 3ds Max 材质编辑器样本窗中默认的材质类型，它提供了比较直观的，设定模型表面的方法。物体的表面决定了它的反射效果，在 3ds Max 中，标准类型材质模拟对象表面反射的性质。如果不使用贴图，它将给对象一个单一、均匀的颜色。

标准类型材质使用一个四色模型来模拟效果，使用不同的明暗器类型会有一些差别。Ambient（环境）颜色是对象在阴影中的颜色；Diffuse（漫反射）颜色是对象反光的颜色，即所说的固有色；Specular（高光）颜色是对象在高光区中的颜色；Filter 颜色是光线穿过透明对象后的颜色，只有材质的 Opacity 不透明度参数值小于 100 时，才可以使用 Filter 颜色。

当描述一个物体的颜色时，指的是 Diffuse 颜色。Ambient（环境）颜色的选择取决于灯光的种类，对于在柔和的室内灯光下，Ambient（环境）颜色应当与 Diffuse（漫反射）颜色相同，只是更暗一些；对于在明亮的室内和室外阳光下，Ambient（环境）颜色应当是近乎黑色或紫色，这时它是主要的补充光源。Specular（高光）颜色应该与主光颜色一致，或者是比 Diffuse 颜色的值更高、饱和度低的颜色。

（1）Shader Basic Parameters 标准类型材质卷展栏。标准材质类型非常灵活，可以创建各种材质。材质最重要的部分是明暗，光对表面的影响是由数学公式计算的。在标准材质编辑器中，可以在 Shader Basic Parameters 明暗器基本参数卷展栏中选择明暗方式，并指定渲染器的类型，如图 5.2 所示。

图 5.2

（2）渲染器类型。

1）Wire（线框）：使对象作为线框对象渲染。许多对象由网格组成，可以用 Wire 渲染制作线框效果，比如栅栏的防护网。

2）2-Sided（双面）：勾选该项后，3ds Max 既渲染对象的前面也渲染对象的后面，2-Sided 材质可用于模拟透明的玻璃瓶等。

3）Facted（面片）：该选项使对象产生不光滑的明暗效果，把对象的每个面作为平面渲染。Faceted 可用于制作加工过的钻石、宝石或带有硬边的表面。

4）Face Map（面贴图）：在对象的每个面上应用材质。如果材质是贴图材质，则不需要贴图坐标，贴图会自动应用到对象的每个面上。

（3）明暗器类型。3ds Max 默认的是 Blinn 明暗器，可以通过明暗器列表选择其他明暗器。不同的明暗器有一些共同的选项，例如 Ambient、Diffuse 和 Self-Illumination、Opacity 以及 Specular Highlights 等，每个明暗器也都有自己的参数，如图 5.2 左侧显示。

（4）Blinn 明暗器与 Phong 明暗器。Blinn 明暗器是 3ds Max 默认的明暗方式。它和 Phong 明暗方式非常相似。Blinn 与 Phong 的区别之一就是它的高光呈现正圆形而不是椭圆形。Phong 方式经常要使用柔化 Soften 功能处理高光的柔和度。使用 Blinn 明暗方式，可以得到光在较低角度打在物体表面上的高光效果。如果选用 Phong 方式，当试图增加柔化量时，往往会造成高光效果丧失。Blinn 明暗器的基本参数卷展栏如图 5.3 所示。

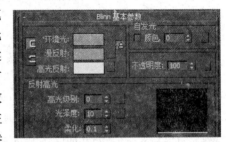

图 5.3

1）环境光、漫反射、高光反射右边的颜色样本框用来设置颜色。要更改颜色，单击颜色样本框，在弹出的对话框中选取所需的颜色。可以在两个颜色样本之间拖拽颜色进行复制。此外，使用颜色样本左边的 Lock（锁定）按钮可以把两个颜色锁定在一起，这样对一种颜色的改动会自动更改锁定的另一种颜色。

2）漫反射，高光反射，光泽度、高光级别，颜色和不透明度选项后面的方形按钮是在适当的地方为各自参数添加贴图的快捷方式按钮。单击该按钮会打开"材质/贴图"对话框，用来选择所需的贴图类型。当贴图被载入且激活时，它将出现在 Map 贴图卷展栏中，此时在按钮上会出现大写字母 M，当载入贴图但没有激活时，按钮上出现小写字母 m。

3）对于 Self-Illumination（自发光）选项组，如果选中颜色复选框，这时自发光可以使用一种颜色；此时可使用该复选框的微调按钮来调整照明使用的默认颜色的数量。如果材质的自发光值为 100 且具有更亮的颜色，如白色，材质将失去所有的阴影和高光，就像是从对象内部发光。要去掉自发光效果，可以把微调按钮设置为 0 并把颜色设置为黑色。

4）Opacity（不透明度）：用来设置对象的透明度。值为 100 表示贴图完全不透明，值为 0 表示贴图完全透明。可以打开样本窗的背景观看透明效果。

5）Specular Level（高光级别）：控制高光的亮度。取值范围是 0～100。

6）Glossiness（光泽度）：设置高光区的大小。

7）Soften（柔化）：柔化高光的效果，特别是对于从较低角度打在物体表面上产生的高光，取值范围是 0～1.0。

8）Highlight（高光图像）：显示调整高光级别和光泽度参数值的效果。增加高光级别曲线会变陡直，减小光泽度参数值会使曲线变得平缓，改变柔化参数不影响曲线图形。

（5）Anisotropic（各向异性）明暗器。它能在物体表面产生椭圆形、闪亮的高光，非常适合做车轮、玻璃或闪亮的金属效果；可以给高光度贴图 Specular Level Map 与高光贴图 Specular Map 增强高光的真实感；可用来模拟光亮的金属表面。该明暗器的基本参数卷展栏如图 5.4 所示。

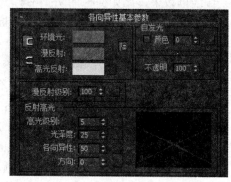

1）Diffuse Level（漫反射级别）：用来控制材质的 Diffuse 颜色亮度，改变参数值不会影响高光。取值范围从 0～400，默认值为 100。也可以为其选择一个贴图。

图 5.4

2）Anisotropy（各向异性）：控制高光的形状。0 表示圆形高光，100 表示高光的形状为很扁的椭圆。

3）Orientation（方向）：设置高光的方向。

4）Highlight（高光图像）：两条交叉的曲线显示了调整高光级别、光泽度和各向异性参数值的影响。如增加光泽度的值，曲线会变得平缓；增加高光级别值，曲线变得比较陡直；当调整各向异性参数值时，白色的曲线显示出高光区的宽度。

（6）Metal 明暗器。Metal 明暗方式主要用于制作闪亮的金属材质或其他一些闪亮的材质，如丝绸等。Metal 明暗方式的高光曲线非常显著，金属表面的高光效果也更为强烈。需要注意的是，在观看金属材质效果时，确认样本窗里的背光是打开的。

Metal 明暗器的基本参数卷展栏如图 5.5 所示。

Metal 材质计算自己的高光颜色，它会自动在材质的漫反射颜色与灯光颜色间改变高光颜色，不能设置 Metal 金属材质的高光颜色。高光级别参数仍然控制高光的亮度，但是光泽度参数不仅控制高光区的大小，它也影响高光的亮度。

图 5.5

（7）Multi-Layer 明暗器。是"多层明暗方式"。与 Anisotropic 明暗方式类似，但是它有两组高光控制选项。这两组高光是分层的，包含两个各向异性的高光，Multi-Layer 明暗器二者彼此独立，分别调整，能产生更复杂、有趣的高光效果，适合做抛光表面、特殊效果等，例如缎纹、丝绸和光芒四射的油漆等，效果如图 5.6 所示。

Multi-Layer 明暗器的基本参数卷展栏如图 5.7 所示。

图 5.6　　　　　　　　　　　　　　　图 5.7

增加参数值，材质变暗，且不光滑度增大；参数值为 0 时，其效果与使用 Blinn 明暗器时相同。

Multi-Layer 明暗器有两个 Specular 选项组，可以分别对这两层高光的颜色、亮度、高光区大小、各向异性以及高光方向进行设置，达到所需的要求。

（8）Oren-Nayer-Blinn　ONB 明暗器。

它是 Blinn 明暗方式的变种，但它看起来更柔和，更适合做表面较为粗糙的物体，例如织物（地毯等）和陶器等。如果要突出物体表面的粗糙效果，可使用该明暗方式。Onb 通常用于模拟布、土坯和人的皮肤。

Oren-Nayer-Blinn 明暗器的基本参数卷展栏如图 5.8 所示。

当 Diffuse Level 参数值为 100，Roughness 参数值为 0 时，它与 Blinn 明暗器有相同的效果。

（9）Strauss 明暗器。该明暗器用于快速创建金属或者非金属表面（例如光泽的油漆、光亮的金属和铬合金等），它是 Metal 明暗器的简化版，其卷展栏如图 5.9 所示。

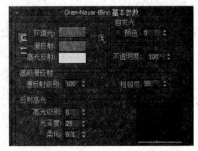

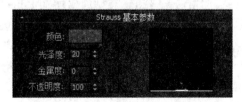

图 5.8　　　　　　　　　　　　　　　图 5.9

1）Color 样本框：控制材质的颜色，相当于其他明暗器的 Diffuse 颜色，Strauss 明暗器会自动计算 Ambient 和 Specular 的颜色。

2）Glossiness：控制高光的大小和亮度。增加参数值，高光区较小、较亮。此参数还影响指定使用 Strauss 明暗器材质的反射贴图的强度。

3）Metalness（金属性）：设置材质的金属属性。增加参数值，材质看起来更像金属，对象的金属外观是靠高光来体现的，所以需要与 Glossiness 参数配合使用。

（10）Translucent Shader（半透明）明暗器。该明暗器用于获得光穿透一个物体的效果，可应用于薄的物体上，包括窗帘、投影屏幕或者蚀刻了图案的玻璃。使用 Translucent Shader 明暗器，物体投射在表面上的阴影在后侧也可见。用户还可为透明效果设置不同的颜色。

Translucent Shader 明暗器的基本参数卷展栏如图 5.10 所示。

1）Translucent Clr（半透明颜色）：指定透明色，即穿透物体的散射光颜色。

2）Filter Color（过滤颜色）：设置穿透一个半透明物体的光的颜色。

3）Opacity 不透明度：设置材质的浓度百分比。结合浓度应用于物体上时，可得到一些有趣的效果。

（11）Extended Parameters（扩展参数）卷展栏。扩展参数是基本参数的延伸，它针对场景对象，如图 5.11 所示。

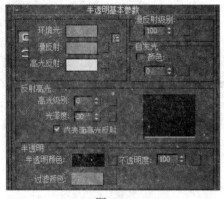

图 5.10

图 5.11

（12）Advanced Transparency（高级透明）选项组。控制区调节透明材质的透明度。

1）Falloff（衰减）：设置透明材质的不同衰减效果，In 是由外向内衰减，Out 是由内向外衰减。

2）Amt（数量）：设置衰减到内部或外部最透明位置时的透明度。

3）Type（类型）：有三种透明过滤方式，即 Filer（过滤器）、Subtractive（减去法）、Additive（递增法）。Filter 类型成倍增加 Filter 颜色和出现在透明对象后面的颜色表面，可以在后面使用 Filter 颜色；Subtractive 和 Additive 类型是减去和添加在透明对象后面的颜色。在三种透明过滤方式中，Filter 是最常用的，该方式用于制作玻璃等特殊材质的效果。

4）Index of Refraction（折射率）：用来控制灯光穿过透明对象时，折射贴图和光线的折射率。水的折射率是 1.0。

（13）Wire（线框）选项组。必须与基本参数区中的线框选项结合使用，可以制作出不同的线框效果。

1）Size（尺寸）：用来设置线框的宽度。

2）In：用来选择度量线框宽度的单位。Pixels 表示使用像素单位，不论几何体位于何处，线框均保持相同的宽度；Units 表示使用 3ds Max 中的单位，线框宽度与几何体对象的位置有关，近处的线框宽度较大，远处的线框宽度较小。

（14）Reflection Dimming（阴影反射）选项组。主要针对使用反射贴图材质的对象。当物体使用反射贴图以后，全方位的反射计算会导致其失去真实感。此时选中 Apply 复选框，阴影反射即可起作用。

1）Apply（启用）：打开或关闭阴影反射。关闭时，反射贴图材质不受平行灯光影响。

2）Dim Level（阴影反射强度）：设置阴影反射的强度。值为 0，反射贴图在阴影中完全是黑的；值为 0.5，反射贴图在阴影中是暗淡的；值为 1.0，反射贴图在阴影中没有效果。

3）Refl. Level（反射强度）：设置阴影外所有反射的强度。

（15）Maps 贴图区卷展栏。Maps 是制作材质的关键环节，3ds Max 在标准材质的贴图区提供了多种贴图通道。每一种都有其独特之处，能否塑造真实材质在很大程度上取决于贴图通道与形形色色的贴图类型结合运用的成功与否。使用 Maps 卷展栏，能为材质的各个贴图通道指定贴图，并且可以对指定的贴图进行编辑、修改，如图 5.12 所示。

图 5.12

Maps 卷展栏包含了大量的贴图通道，单击后面的按钮可以选择一个位图文件或程序贴图。在选择了贴图后，它的名称将出现在按钮上，单击此按钮，会打开此贴图相应的参数卷展栏，编辑、修改贴图的参数。使用左边的检查框可以激活或禁用此贴图。Amount 参数用来设置贴图效果的强度。

5.2.1　各种材质类型

3ds Max 有很多材质供选择，其常用材质包括如下几种：

（1）Double Sided（双面）类型材质。双面类型材质可以为对象前后两个面设置不同的材质，当需要看到对象背面的材质时可以使用它。双面类型材质编辑器如图 5.13 所示。

图 5.13

- Translucency（半透明）：设置透过一个材质显示出另一个材质的程度，它是一个百分比值。
- Facing Material（前面材质）：设置对象前面的材质参数。

● Back Material（后面材质）：用来设置对象后面的材质参数，后面的复选框用来激活或禁用此材质。

1）Matte（不光滑）选项组。

● Opaque Alpha：使不光滑的材质显示在 Alpha 通道中。选中该复选框时，不光滑对象不影响 Alpha 通道，如同场景中没有不光滑对象。

2）Atmosphere（大气）选项组。

● Apply Atmosphere（应用大气）：决定是否把雾效果应用于 Matte 材质。

● At Background Depth（在背景深度）：是二维效果，场景中的雾不会影响 Matte 对象，但可以渲染它的投影。

● At Object Depth（在对象深度）：是三维效果，雾将覆盖 Matte 对象的表面。

3）Shadow（阴影）选项组。

● Receive Shadow（接受阴影）：选中时，阴影可以投射在 Matte 对象上。

● Affect Alpha：使阴影成为 Alpha 通道的一部分，默认情况下，Affect Alpha 为灰色不可用状态，Opaque Alpha 复选框取消选中便开启此选项。

● Shadow Brightness（阴影的亮度）：可调整阴影的亮度，阴影亮度随数值增大而变得越亮越透明。

● Color（颜色）：设置阴影的颜色，可通过单击旁边的颜色框选择颜色。

4）Reflection（反射）选项组。用于决定是否设置反射贴图，系统默认为关闭。需要打开时，单击 Map 旁的空白按钮，指定所需贴图即可。

● Amount：设置使用反射贴图的强度。

● Additive Reflection：增加额外的反射。

（2）Blend 混合类型材质。Blend 类型材质是复合材质的一种，它把两种单独的材质混合为一种材质。打开材质编辑器，单击"材质类型"按钮，弹出"材质/贴图"浏览器，选择Blend，单击 OK 按钮退出，Blend Basic Parameters卷展栏出现在材质编辑器的下半区，如图 5.14所示。

1）Material#1（材质#1）：单击按钮将弹出第一种材质的材质编辑器，可设定该材质的贴图和参数等。

2）Material#2（材质#2）：单击按钮会弹出第二种材质的材质编辑器，用于调整第二种材质的各种选项。

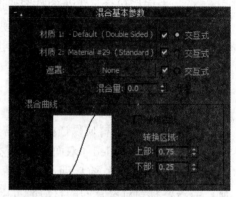

图 5.14

3）Mask（屏蔽）：单击按钮将弹出"材质/贴图"浏览器，选择一张贴图作为屏蔽，设定如何对上面两种材质进行混合。贴图上的白色区域是被两种材质充分混合的，黑色部分是不被混合的。

4）Interactive（交互）：在材质#1 和材质#2 中选择一种材质，以便将该材质显示在视图中对象的表面。

5）Mix Amount（混合数值）：是使用屏蔽贴图混合之外的另外一种混合方法，它调整两个材质的混合百分比。当数值为 0 时，只显示第一种材质；当数值为 100 时，只显示第二种材质。当 Mask 选项被激活时，Mix Amount 为灰色不可操作状态。

6）Mixing Curve（混合曲线）选项组。用来控制两种材质边缘之间的过渡，只在使用屏蔽贴图时有效。下面的曲线将随时显示调整的状况。

- Use Curve（使用曲线）：设置是否使用曲线来控制两种材质边缘的过渡。
- Transition Zone（过渡区域）：通过更改 Upper（上部）和 Lower（下部）的数值达到控制混合过渡曲线的目的。

（3）Matte/Shadow 类型材质。Matte/Shadow 是一种特殊的材质类型，把这种材质应用于对象，会使对象或对象的一部分不可见，这样可以让对象后面或背景中的对象显示出来。此外，指定了 Matte/Shadow 类型材质的对象还可以反射和接受阴影，这些效果只有在渲染后才能看到。

（4）Multi/Sub-Object 类型材质。Multi/Sub-Object（多重/次对象）类型材质是另外一种常用的复合材质，这种材质包含多种同级的子材质。对于比较复杂的多面几何体，其各个次对象（对象的不同部分、对象上有特色的子面）都可以被赋予多重/子次对象类型材质中的某种子材质，如图 5.15 所示。

将 Multi/Sub-Object 材质指定到对象后，就要把对象转换到 Editable Mesh 编辑方式，选择 Face 次对象，在次对象的 Face Properties 卷展栏中设置对象各个次对象的 ID 号，把它与子材质 ID 号相关联。Multi/Sub-Object 类型材质的设置界面如图 5.16 所示。

图 5.15

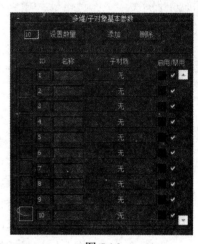

图 5.16

1）Number（数量）：显示材质中包含多少个子材质。

2）Set Number（设定数量）：用来设定材质中子材质的数量。在 Multi/Sub-Object 材质层次，样本球中显示的是所有子材质的组合；在子材质层次时，样本球的显示取决于在材质编辑器的 Option 对话框中 Simple Multi Display Below Top Level 选项的设置。

3）Add（增加）：单击此按钮会在列表后面增加一个子材质，它的材质号大于所有存在的材质号。

4）Delete（删除）：单击此按钮删除当前选中的子材质。

5）ID、Name、Sub-Material：单击这些按钮，列表中的子材质将分别按照 ID 号、自定义名称、按钮上的名称进行排序。

每个子材质的前面有一个微型样本球用来预览，后面显示的是子材质的 ID 号，可以编辑这个 ID 号，再后面是一个自定义名称文本框，用来为子材质设置名称。单击后面的长按钮，可以对子材质的参数进行设置，后面的颜色框用来为子材质设置颜色，最右边的复选框用来开启/禁用子材质效果。

（5）Morpher（变形）类型材质。变形类型材质常用来制作材质的变化效果，它与 Morpher 编辑修改器一起工作。它只能对应用了 Morpher 编辑修改器的对象指定 Morpher 类型材质。Morpher 类型材质可以与对象的 Morpher 编辑修改器连接起来，使对象的形状与材质同步变化。例如，当场景中人物因害羞而脸红或因吃惊而扬眉时，可以考虑使用 Morpher 材质。

注意：在 Morpher 编辑修改器中，若 Channel 值为空，则表明此时修改器只能用来调整材质，不能用来调整对象形状。

有两种方法把 Morpher 材质与对象的 Morpher 编辑修改器连接起来。

1）当对象应用了 Morpher 编辑修改器以后，在 Morpher 编辑修改器的 Global Parameter 卷展栏中单击 Assign New Material 按钮。这是最简单的方法，指定 Morpher 材质到对象和连接材质到 Morpher 编辑修改器同时完成。

2）打开材质编辑器，选择 Morpher 类型材质，单击 Choose Morpher Object 按钮，然后在场景中捡取对象。在单击对象后将出现一个对话框，用来选择要连接的 Morpher 编辑修改器（因为一个对象可能应用多个 Morpher 编辑修改器），这样 Morpher 材质就连接到 Morpher 编辑修改器上。

一个 Morpher 类型材质只能连接到一个 Morpher 编辑修改器上。

a. Modifier Connection（变形连接）选项组。

● Choose Morph Object：单击此按钮，可以在视图中选择要连接的应用 Morpher 编辑修改器的对象，连接的对象名称显示在后面。

● Refresh（更新）：用来更新通道数据。

● Base Material（基本材质）：设置变形类型材质的基本材质，它是使用变形或混合通道效果以前显示的材质。

● Channel Material Setup（材质通道设置）：提供了 100 个材质通道来进行变形材质操作。单击后面的按钮可以对通道材质进行设置。它与 Morpher 编辑修改器中的通道一一对应，例如材质的 1 号通道受 Morpher 编辑修改器中 1 号通道的设置控制。右边的复选框用来开启/禁用此通道。

b. Mixing Calculation Options（混合计算选择）选项组。设置计算各通道效果的时间。

● Always（随时）：随时计算材质变形的结果。当设置了很多材质通道时，将使系统变得很慢。

● When Rendering（渲染时）：在渲染时计算材质变形的结果。

● Never Calculate（从不计算）：不计算材质变形的结果。

（6）Ink'n Paint 类型材质。Ink'n Paint 允许材质被渲染为卡通式样。此材质包含 ink 和

paint 两个主要部分，各自都可进行自定义设置。在 3ds Max 中，Ink'n Paint 材质可以与任何材质和贴图配合使用。真实材质和卡通风格材质在同一个场景中使用可以得到图像混合的形式，还可以通过更灵活应用其他材质得到特别的效果。Ink'n Paint 材质产生的卡通效果与其他材质产生的三维真实效果大不相同。

1）Basic Material Extensions（基本材质扩展）卷展栏。

- Fog BG when not painting：当不进行绘制时，材质颜色的绘制区域是与背景色相同的。选中该选项，则绘制区域的背景色将受摄像机和物体之间雾的影响。
- Opaque alpha：选中该复选框时，即使关闭墨水和绘制，Alpha 通道仍不透明。
- Bump（凹凸贴图）：设置材质的凹凸贴图，与标准类型材质中 Maps 卷展栏中的 Bump 贴图相同。
- Displacement（置换贴图）：设置材质的置换贴图，与标准类型材质中 Maps 卷展栏中的 Displacement 贴图相同。

2）Paint Controls（绘图控制）卷展栏。绘图是指在物体的轮廓线内部填充颜色。绘图既可以像单色填充或者双影调填充一样简单，也可以像使用了许多其他材质映射功能的贴图一样复杂。如果禁用所有的绘图功能，可以仅用墨水来创建图像。Ink'n Paint 材质的 Paint Controls 卷展栏用来控制材质的主要颜色。

- Lighted（亮区）：设置亮区的填充颜色，即材质的基本颜色。如果亮区和高光区被关闭，材质将不会被填充。如果仅仅想要勾勒模型的边缘，这将非常有用。
- Paint Levels（绘图级别）：用来定义在亮区看到的基本颜色的级数。值为 1 将得到没有阴影的单色表面单色填充。
- Shaded（暗区）：设置光影最暗区的颜色。它可以被定义为基本材质颜色的百分比或定义为另一种颜色。
- Highlight（高光）：设置卡通风格锐利高光的颜色。
- Glossiness（光泽度）：用来改变高光区的大小。小的数值可产生更大的高光。

在 Lighted、Shaded 和 Highlight 的右侧都有一个百分比微调器和贴图按钮，这表示可以为每个 paint 单元指定可用的程序贴图或纹理位图。

3）Ink Controls（墨水控制）卷展栏。Ink'n Paint 材质的 Ink Controls 卷展栏用来自定义墨水的形态和指定贴图。

- Ink（墨水）：墨水即材质的轮廓线。选中该选项，渲染时将显示轮廓线，否则不显示。
- Ink Quality（墨水质量）：用于提高边缘检测的质量，需要更多的渲染时间。
- Ink Width（墨水宽度）：用来改变墨水的宽度，使它更细或更粗。
- Variable Width（可变宽度）：选中该选项时，墨水的宽度将在最小和最大墨水宽度值之间变化。在亮区使用最小值，暗区使用最大值。
- Clamp（可变宽度）：当选中 Variable Width 复选框时，场景光可能会导致某些墨水线过细而不可见。选中该选项，将强制墨水宽度保持在最小值和最大值之间。
- Outline（轮廓）：勾勒出物体的外轮廓线。

- Intersection Bias（相交偏移）：用来调整两个物体相交时可能出现的偏差。设置该值可相对于渲染视点移近或移远物体得到相交物体的正确边界，以便 Ink'n Paint 确定哪个物体在前。正值使得物体远离视点，负值将拉近物体。

- Overlap（重叠）：勾勒出部分物体的重叠边界。

- Overlap Bias（重叠偏移）：用来调整物体重叠时可能出现的偏差。设置该值可确定重叠物体相对于后表面的距离。正值使得物体远离视点，负值将拉近物体。

- Underlap（被重叠）：与重叠相似，但勾勒远面而不是近面。

- Underlap Bias（被重叠偏移）：用来调整物体被重叠时可能出现的偏差。设置该值可确定被重叠物体相对于前表面的距离。正值使得物体远离视点，负值将拉近物体。

- SmGroup（光滑组）：光滑组的边界可以被勾勒。也就是说，可以勾勒出未被光滑的物体边界。

- Mat ID 材质 ID：勾勒出不同子材质之间的边界。

- Only Adjacent Faces（仅限相邻面）：选中该选项，将勾勒出相邻面之间的材质边界，而不是物体之间的材质边界。

- Intersection Bias（相交偏移）：当未选中 Only Adjacent Faces 选项时，可调整使用不同材质的物体之间边界处的偏差。

在 Width、Outline、Overlap、Underlap、SmGroup 和 Mat ID 的右侧都有一个百分比微调器和贴图按钮，这表示可以为每个 ink 单元指定可用的程序贴图或纹理位图。

（7）SuperSampling/Antialiasing（超级样本/反走样）卷展栏。

5.2.2　各种贴图类型

3ds Max 中的贴图类型很多，每种贴图都有各自的特点，在三维制作中经常综合运用各种贴图以达到最好的材质效果。在"材质/贴图"浏览器中，使用 Show 选项组中的选项可以按照类型过滤贴图，贴图分为 2D 贴图、3D 贴图、Compositors 贴图、Color Modifers 贴图和 Reflection/Refraction 贴图等。

贴图是物体材质表面的纹理，利用贴图可以不用增加模型的复杂程度就可突出表现对象细节，并且可以创建反射、折射、凹凸、镂空等多种效果。比基本材质更精细、更真实。通过贴图可以增加模型质感，完善模型造型。

3D Studio Max 中最简单的是 Bitmap 位图。可在材质的同一层级赋予多个贴图，还可以通过层级的方式使用复合贴图来混合材质。

3D Studio Max 的所有贴图都可以在 Material/Map Browser（材质/贴图）浏览器中找到。不同的贴图组成在不同的目录下，如图 5.17 所示。

2D Maps（二维贴图）：二维平面图像，用于环境贴图，创建场景背景或映射在几何体表面。最常用也是最简单的二维贴图是 Bitmap。其他二维贴图都是由程序生成的。3D Maps 三维贴图是程序生成的三维模板，如 Wood 木头，在赋予对象的内部同样有纹理。被赋予这种材质的物体切面纹理与外部纹理是相匹配的，是由同一个程序生成的。三维贴图不需要贴图坐标。Compositors（复合）贴图：以一定的方式混合其他颜色和贴图。　Color Modifier（颜色修改器）：改变材质像素的颜色。Other Map（其他贴图）：用于特殊效果的贴图，如反射、折射。

（1）Bitmap 位图文件。Bitmap 是较为常用的一种二维贴图。在三维场景制作中，大部分模型的表面贴图都需要与现实相吻合，这一点通过其他程序贴图是很难实现的，通过一些程序贴图可以模拟出一些纹理，但这与真实纹理有一定差距。这时大多选择以拍摄、扫描等手段获取的位图来作为这些对象的贴图。

（2）高级贴图。在 3D Studio Max 系统中，除了 BitMap 贴图方式外还有其他多种贴图方式。其中一些高级贴图，如自动反射贴图可以使物体产生真实的反射效果，自动计算反射场景中的其他物体。蒙板贴图可以将两种贴图进行组合，通过相互遮挡产生特殊效果。通过这些高级贴图的使用可以使场景中的对象更具真实感。

图 5.17

（3）Reflect/Refract（自动反射与折射）。使用 Bitmap 模拟自动反射与折射的方法制作出的反射、折射效果并不真实。需要精确的反射与折射效果时必须使用 Reflect/Refract 贴图。

5.3　园林景观常用材质类型

（1）木纹材质调整方法。

1）木纹材质的肌理调整。

● 使用过度色通道贴图后加入凹凸通道贴图，使木纹有凹凸感，肌理更明显，凹凸通道强度通常为 30%

● 材质球的高光强度（Specular Level）通常为 43%，高光面积（Glossiness）为 28%～40%。亚光油漆面的高光强度可以低点，高光面积可以高点。

● 木纹的纹路调整可在过度色通道贴图下的 U，V，W 坐标中的 W 中调整。

● 自发光的调整为 5%，可以据灯光的强弱调整这个数值。光强则强，光弱则弱。

● 木纹纹理大小可在使用物体中用 Uvwmap 调整纹理面积，以材质的实际面积来定坐标，可适当夸张。

● 在特殊情况下还可以加入光线追踪来体现油漆的光泽度。通常取 5%～8%的强度。

2）木纹材质的贴图选择。

● 木纹贴图过度色通道使用的材质图片要纹理清晰。

- 材质图片的光感要均匀。无光差变化最好。
- 材质图片的纹理要为无缝处理后的图片。

3）木纹材质的使用注意点。常用木纹的光泽是有差异的，在使用材质球做材质时要注意。深色的木纹材质，如黑胡桃、黑橡木等纹路的色差大，纹理清晰。浅色的木材，如榉木、桦木、沙木等材质色浅，纹路不清晰，带有隐纹。

（2）玻璃材质的调整方法。

1）玻璃材质的特性。

- 玻璃材质是一种透明实体。通常调整材质球的不透明度和材质球的颜色。玻璃分为蓝玻，绿玻，白玻（清玻）和茶色玻璃等。每种玻璃都有它不同的透明度和反光度，厚度也影响玻璃的透明度和反光度。
- 自然光，灯光也对玻璃的透明度和反光度有影响。玻璃背景对玻璃反光强度的影响很大，深色背景可以使玻璃看上去像一面镜子。
- 玻璃是有厚度的，玻璃边由于折射的原理不通明，所以玻璃边缘比玻璃本身色深，在 3D 中可以用面贴图来表现。

2）玻璃材质在 3D 中的体现方法。

- 玻璃材质透明度一般在 60~80 之间。
- 颜色一定要深、暗。
- 在 Extended parameters 中调整第一行第一个参数，一般为 50~75 之间。
- 玻璃材质还有一定的反光度，要加入光线追踪。8%~10%在通道 Reftection 中加入光线追踪的效果。
- 玻璃的效果要通过灯光的影响才能达到理想的效果。

（3）钢材金属材质的调整方法。

1）金属材质的特性。

- 金属材质是反光度很高的材质，是受光线影响最大的材质。同时它的镜面效果很强，高精度抛光的金属和镜子的效果相差无几。在做这种材质的时候就要用到光线追踪。
- 金属材质的高光部分很精彩，很多环境色都融入在高光中，有很好的反射和镜面效果。在暗部又很暗，没有光线的影响成黑色，金属是反差效果很大的物质。
- 金属颜色只在过度色时受灯光的影响大。

2）金属材质在 3D 中的调整方法。

- 金属材质要选用金属的材质球（Multi-layer），在调整高光强度和高光面积时，高光强度一般很强，通常在 108~355 之间。
- 金属调整镜面，一般在 50~80 之间。看灯光对材质的影响，再调整镜面效果的强度。
- 做金属物体的效果时，还要注意造型上的细部调整，要把物体的反光槽做出来，有了反光槽金属的光泽就富有变化了。

（4）地面砖、墙面砖、瓷砖、大理石等石材的调整方法。

1）地面砖、墙砖在家装中是有灰缝的。做图时要把灰缝表现出来就要用到凹凸贴图。在 Adobe Photoshop 中，灰缝的效果用黑线做出来，再在 3D 中用凹凸贴图通道赋予材质。

2）砖有它自身的大小，用 Uvwmap 中缩放 BOX 的大小就可以得到想要的砖的大小。这种做法优点是砖的大小可以任意调整，缺点是地砖花色、纹路不自然，适合表现浅色、纹路不明显的砖。

3）对于纹路、花色要求高的砖，比如仿古砖、大纹路的大理石等。先在 Adobe Photoshop 中按纹理材质画上网格地面灰缝，再用于材质贴图。

（5）文化石、层岩、鹅卵石等的材质调整。

1）文化石是一种很不规则的材质，有人造、天然之分。常用的是人造文化石，它有色泽鲜明，形状多样，质量轻，容易安装等特点，文化石凹凸的质感很强，是一种古老又现代的装饰材料，人们使用了 200～300 年，现代家砖中也常用这种材质。在 3D 中要把文化石的凹凸效果把握好，在 Adobe Photoshop 中把文化石的纹理做成黑白的纹理贴图。再调入 3D 中使用。

2）鹅卵石也有着文化石的凹凸特点，但鹅卵石的光泽很高，反光比较强。

5.4 园林景观常用贴图类型

案例教学 1：在园林景观三维场景基础上进行材质贴图处理

为场景附上材质。先打开场景"农家体验区小鸟瞰"，如图 5.18 所示，为场景贴上必要的材质，最后效果如图 5.19 所示，并不是所有的模型都需要贴上材质，大多数材质是在后期 PS 完成的，在 3ds Max 里只是贴上一些必要的材质，主要是一些主体建筑物需要贴材质，如建筑结构、路面等。

图 5.18

图 5.19

（1）路面的贴图。

1）单击路面，按组合快捷键 ALT+Q，将路面单独显示，这样显示速度更快，如图 5.20 所示。

2）选择 材质窗口，选择一个样本球，用 赋予路面，然后选择 maps 栏，在漫反射贴图中选择 Map 条，在弹出来的"材质"对话框中选择 Bitmap 位图类型，在素材中选择"140.jpg"，按下 按钮，然后按 F3 进行预览，如图 5.21 所示。这是材质中最简单的贴图模式。

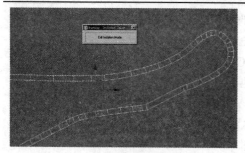

图 5.20

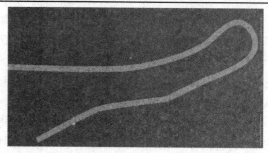

图 5.21

（2）湖边走廊顶的贴图。

1）湖边走廊顶的贴图是弧形的，采用简单的贴图是不能实现这种效果的，将采用 UV 贴图的方法来让贴图更好地适合于模型，如图 5.22 所示。

2）按组合快捷键 ALT+Q 将走廊单独显示，但整个走廊是群组了的，如图 5.23 所示，这就需要在材质窗口中用吸管吸取群组的某个模型单独贴图。

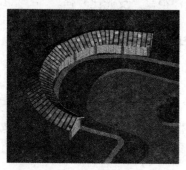

图 5.22

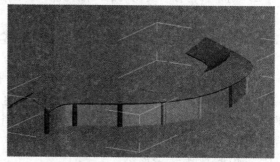

图 5.23

3）打开"材质"窗口，选择一个新的样本球，选取吸管工具，将走廊顶的材质吸取进来。

然后为走廊顶赋予一个贴图，从素材中选择"pic5-24.jpg"文件，效果如图 5.24 所示。但这个贴图严重扭曲。

4）将长廊分解开，选择"分解群组"命令，然后选中房顶，添加 Uvwmap 命令，该命令就是为物体赋予不同形状的贴图，添加命令后使用 Face 面的贴图方式，调整面的大小，效果如图 5.25 所示。

图 5.24

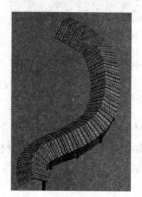

图 5.25

5）当所有元素物体都赋上材质后，应当为该组物体重新群组，然后命名，方便以后管理，最后再关掉独立显示模式，把全部物体显示出来。

（3）路砖的贴图，如图 5.26 所示。

图 5.26

路砖的贴图采用凹凸贴图的方式，让路砖出现体感。

1）首先制作凹凸贴图，打开 Photoshop，找到素材 "070.jpg"，如图 5.27 所示，另存为 "070tongdao.jpg"，并转为黑白模式，如图 5.28 所示，然后提高对比度，如图 5.29 所示，并保存。这样做的目的是让颜色浅的部分突出来，颜色深的部分凹下去，体现立体感。

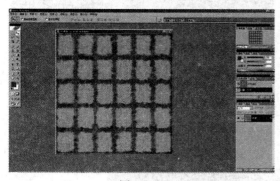

图 5.27

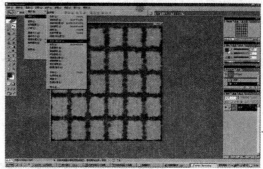

图 5.28

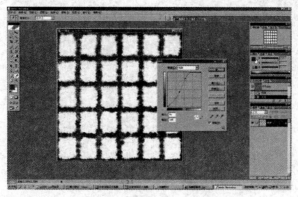

图 5.29

2）接下来，赋予路面 "070.jpg" 的贴图，如图 5.30 所示，然后在 Bump 凹凸贴图通道中选中刚才的黑白图，调节参数为 30%，不能太大，因为路砖不是太高，如图 5.31 所示。

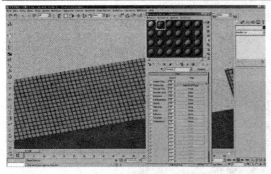

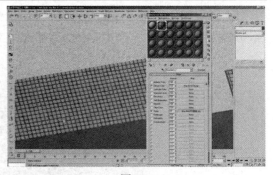

图 5.30   图 5.31

3）在工具栏上单击"快速渲染"选项就可看到相关效果，如图 5.32 所示是不加凹凸贴图的效果，加上凹凸贴图的效果如图 5.33 所示。

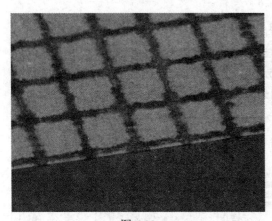

图 5.32   图 5.33

（4）最后效果如图 5.34 所示。

图 5.34

案例教学 2：在室内三维场景基础上进行材质贴图处理

（1）打开会议室文件，如图 5.35 所示。这是个没有赋予材质的场景。

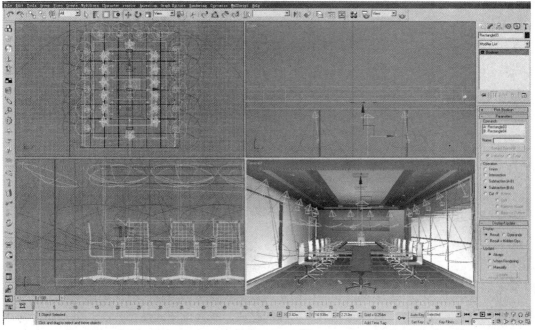

图 5.35

（2）隔音墙的贴图。在场景中选中隔音墙，然后打开材质球，选择 Assign Material to Selection 将当前材质球赋给隔音墙，然后打开 Map 贴图卷展栏，选择 Diffuse Color 漫反射贴图，单击 None 按钮，在弹出的材质对话框中选择 Bitmap 贴图类型，然后在素材中选择贴图"橡木吸音板用 1.jpg"，效果如图 5.36 所示。

观察可知，这个贴图有问题，应该给这个 UV 贴图坐标，选择隔音板，在 Modify 修改面板中加入 Uvwmap 命令，然后选择 BOX 模式，调整参数，效果如图 5.37 所示。

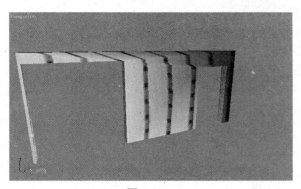 

图 5.36　　　　　　　　　　　　　　　图 5.37

（3）设置玻璃材质。打开材质球，调整高光级别为 40，柔化为 0.1，材质不透明度为 40%，调整颜色和反光度，效果如图 5.38 所示。

（4）采用同样的方法，进行其他材质的练习。

图 5.38

本 章 小 结

  本章讲解了 3ds Max 中材质和贴图的相关知识，在园林景观的材质贴图中，所使用的材质和贴图模式并不多，重点是能调节物体的材质，掌握位图的贴图方法，以及如果物体形体比较复杂，最好加上 Uvwmap 贴图坐标命令，避免贴图出错。在建筑景观效果图的设计中，不同人员负责不同的工作阶段，在建模阶段，应该给每个物体分配不同的材质球，这样，到了渲染阶段工作就比较顺利。

第 6 章 灯光、摄像机及其渲染技术

没有光就没有色彩，没有色彩更无法谈效果。灯光的设置直接影响场景中艺术氛围的营造；材质、贴图都是在灯光的配合下达到预期效果的。摄像机是观察点，静态效果图需要目标摄像机，动态浏览需要自由摄像机。渲染则影响输出效果。建模、材质、灯光、摄像机、渲染等技术的有机结合是画好效果图的关键。

6.1 关 于 灯 光

3ds Max 是模拟现实世界的三维立体软件，其灯光属性也基本是按照现实灯光进行设置的，在学习 3ds Max 灯光技术前，先了解灯光的基础知识是很必要的。

6.1.1 灯光的类型

通常有自然光、人工光、关键光、补充光、背景光及其他类型的光源。

（1）自然光。具有代表性的自然光是太阳光。当使用自然光时，要考虑时间、天气等情况。

（2）人工光。人工光可以是任何形式。电灯、炉火或者二者一起照亮的环境都可以认为是人工的。人工光是 5 种类型的光源中最普通的。需要考虑光线来源，光线的质量、主光源、光色等因素。

（3）关键光。在一个场景中，其主要光源通常称为关键光。关键光不一定只是一个光源，但它一定是照明的主要光源。

（4）补充光。补充光用来填充场景的黑暗和阴影区域。关键光是场景中最引人注意的光源，但补充光的光线可以提供景深和逼真的效果。

比较重要的补充光是环境光。这种类型的光线能提高整个场景的亮度，可以照亮太暗的区域或者强调场景的某些部位。还可以放置在关键光相对的位置，用以柔化阴影。

（5）背景光。背景光通常作为"边缘光"，通过照亮对象的边缘将目标对象从背景中分开。它经常放置在 3/4 关键光的正对面，对物体的边缘起作用，引起很小的反射高光区。如果 3D 场景中的模型由很多小的圆角边缘组成，这种高光会增加场景的可信度。

（6）其他类型的光源。实际光源是在场景中实际出现的照明来源。台灯、汽车前灯、闪电和野外燃烧的火焰都是潜在的光源。

6.1.2 光的基本特性

1. 光的基本特性

（1）光强。强度与到光源距离的关系是按照平方反比定律的。平方反比的意思是，如果 B 点距离光源的距离为 A 点的 2 倍远，B 点接受光的强度就是 A 点的 1/4。

（2）方向。根据光源与物体的部位关系，光源位置可分为 4 种基本类型：正面光、

45°侧面光、90°侧面光、逆光。

（3）颜色。

2. 摄影室灯光

（1）放置主光：放置主光是关键光，放的位置主要取决于想要得到什么效果，但通常把灯放在一边与被摄对象成45°角，比相机要高。

（2）添加辅光：主光投射出深暗的影子，辅光给影子添加一些光线，影子细部也要表现，但不能超过主光，辅光的强度必须稍小于主光，辅光使画面的层次更细腻、柔和。如图 6.1 所示为多种灯光共同作用的结果，如图 6.2 所示是该场景中的灯光设置。

图 6.1

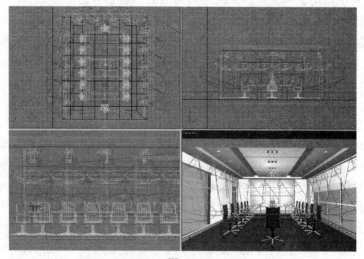

图 6.2

6.1.3　3ds Max 中的灯光类型与应用

1. 标准灯光类型

在三维场景中，灯光不仅仅是将物体照亮，而是要通过灯光效果传达更多的信息。也就是通过灯光来决定这一场景的基调或感觉，拱托场景气氛。使场景达到真实效果，需要建立许多不同的灯光，因为在现实中，光源是多方面的，如阳光、烛光、莹光灯等，在不同光源影响下所观察到的事物的效果也不同。

在 3D Studio Max 中设置了 8 种灯光。

（1）目标式聚光灯：目标聚光灯除了有一个起始点以外，还有一个目标点。创建方式与创建摄像机的方式非常类似。起始点表明灯光所在位置，目标点则指向需要照明的物体。用来模拟效果图中的筒灯、手电筒、灯罩为锥形的台灯、舞台上的追光灯、军队的探照灯、从窗外投入室内的光线等照明效果。

（2）自由式聚光灯：自由式聚光灯没有目标物体。它依靠自身的旋转来照亮空间或物体。其他属性与目标式聚光灯完全相同。要使灯光沿着路径运动，或依靠其他物体带动它运动，需要使用自由式聚光灯而不是目标式聚光灯。自由式聚光灯适合做漫游动画和运动照明。

（3）目标式平行光：起始点代表灯光的位置，目标点指向所需照亮的物体。与聚光灯不同，平行光中的光线是平行的，不是呈圆锥形发散的。可以模拟日光或其他平行光。

（4）自由式平行光：用于漫游动画或连接到其他物体上。可用移动、旋转的手段调整灯光的位置与照明方向。

（5）泛光灯：泛光灯属于点状光源，向四面八方投射光线，没有明确的目标。泛光灯的应用非常广泛。如果要照亮更多的物体，需要把灯光调得更远。由于泛光灯不擅长凸显主题，通常作为补光来模拟环境光的漫反射效果。

（6）天空灯：用来模拟日光效果。用户可以自行设置天空的颜色或为其指定贴图。

（7）区域灯：区域灯是专门为 mental ray 渲染器设计的，支持全局光照、聚光等功能。这种灯不是从点光源发光，而是从光源周围的一个较宽阔区域内发光，并生成边缘柔和的阴影，可以为渲染的场景增加真实感；但渲染时间会稍长。区域灯又分为两种：区域泛光灯和区域聚光灯。

这 8 种灯光可通过 Create 命令面板中的 Lights 项目栏创建，如图 6.3 所示。

图 6.3

2. 灯光参数面板

通过以上 8 种灯光对虚拟三维场景进行光线处理，使场景达到真实的效果。

灯光参数如图 6.4 所示。

（1）名字和颜色：可以更改灯光默认的名称和颜色。

（2）常规参数：在此卷帘中可以设置灯光的颜色、亮度、类型等参数。

（3）强度/颜色/衰减：所有的灯光都具备投影属性。除了泛光灯外，都有高亮区与衰减区的设置等选项。

（4）灯光衰减：自然界中的光线都是随距离衰减的，但在 3ds Max 中，默认情况下可以照亮无限远的地方。为了模拟更现实的效果，这里提供了灯光随距离衰减的选项。

（5）阴影：提供贴图方式的阴影与光线追踪方式的阴影两种选择。另外还有灯光在大气环境中阴影设置选项。

（6）阴影贴图：提供各种质量的阴影贴图参数，以满足不同需要。

（7）在灯光创建以后，将有一个新的卷帘出现：大气环境与特效，是创建一些环境特效的快捷方式。

（8）On：选定该复选框，灯光被打开；未选定时，灯光被关闭。被关闭的灯光图标在场景中用黑颜色表示。

（9）灯光类型下拉列表框：可以改变当前选择灯光的类型，灯光参数随着类型的改变而改变。

（10）Targeted：选定该复选框，则为灯光设定目标。灯光及其目标之间的距离显示在复选框的右侧。对于自由光，用户可以自行设定该值，对于目标光，则可通过移动灯光、灯光的目标物体或关闭该复选框来改变值的大小。

（11）阴影选项组。

1）打开：用来开启和关闭灯光产生的阴影。在渲染时，可以决定是否对阴影进行渲染。

2）使用全局设置：该复选框用来指定阴影是使用局部参数还是全局参数。如果选中这个复选框，全局参数将影响所有使用全局参数设置的灯光。当用户希望使用一组参数控制场景中的所有灯光时，该选项非常有用。如果不选择该复选框，灯光只受其本身参数的影响。

（12）阴影类型下拉列表框。

1）高级光线跟踪阴影。

2）阴影帖图：这种阴影没有 Ray Traced Shadows 精确，但计算时间较短。mental ray 渲染器支持光线跟踪阴影和阴影帖图两种类型的阴影。

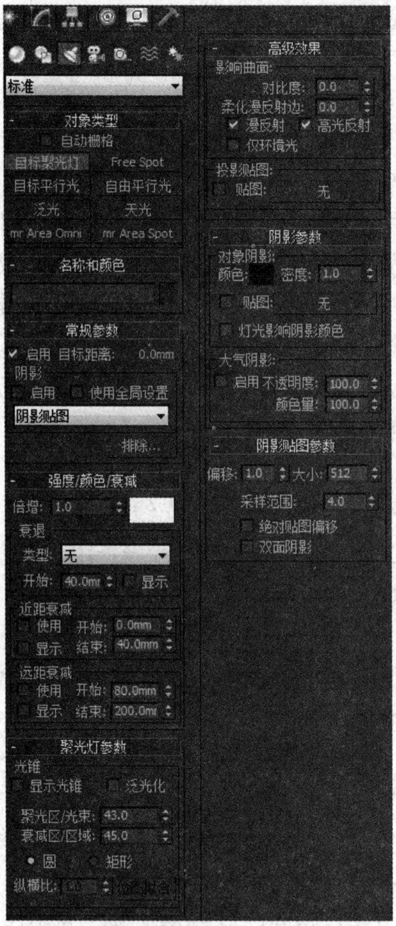

3）区域阴影：可以模拟面积光或体光所产生的阴影，是模拟真实光照效果的必备功能。

4）阴影帖图：优点是渲染速度较快，阴影的边界较为柔和，缺点是阴影不真实，不能反映透明效果。

5）光线跟踪阴影：可以产生真实的阴影。

（13）排除：该按钮用来设置灯光是否照射某个对象，或者是否使某个对象产生阴影。有时为了实现某些特殊效果。

（14）聚光灯参数。

1）显示锥形框：用来显示/关闭视窗中的圆锥形图标。

2）超越界限：这也是个复选框，如果勾选，则聚光灯像泛光灯一样向四面八方投射光线。

3）聚光区：可以调整圆锥形高亮区的半径夹角。默认值为 43°。

4）衰减区：衰减区外灯光将不起作用，除非勾选 OVERSHOOT 选项，该选项是聚光灯照射范围的极限。

图 6.4

5）圆/矩形：用来调整聚光灯投影面的形状。选中 CIRCLE，投影面是圆形的，选中 RECTANGLE，投影面是矩形的。

6）位图长宽比：当投影平面选择矩形时，可以用它来调整矩形的长宽比。例如把默认的正方形变成 16∶9 的电影屏幕的比例。

7）位图适配：用一张位图的长宽比例来决定聚光灯投影面的长宽比例。可以是一个静态的位图，也可以是一个动画。

8）投影位图：只有产生阴影的灯光勾选此项才有意义。可以选择一张位图或一个动画作为投影画面。

6.2　关于摄像机

3D 场景中的摄像机，无论是制作静态效果图还是制作动画都很重要。摄像机有两种类型：目标摄像机和自由摄像机。目标摄像机有观察点和目标，可以以目标为中心旋转摄像机，主要用于设置观察点。自由摄像机没有目标，也不能单独固定目标，可以向各个方向移动。主要用于动画制作。参数面板如图 6.5 所示。

摄像机参数包括如下几种：

（1）镜头：确定镜头的大小。

（2）视野：设定摄像机看到的范围。

（3）正交投影：勾选后可以像用户视图一样显示。

（4）备用镜头：提供了多种镜头。

（5）类型：改变摄像机的种类。

（6）显示圆锥体：勾选后，在不选摄像机的情况下也可显示摄像机查看的范围。

（7）显示地平线：在视图中显示地平线。

（8）环境范围：使用环境效果时，设置环境效果的开始和结束范围。

（9）剪切平面：可根据需要剪切画面的前面和后面。

（10）多过程效果：在摄影机视图确定运动模糊等效果。

（11）景深参数：确定焦点深度和焦距。

（12）采样：设置多重渲染。

（13）过程混合：确定偏移图像的混合程度。

用好 3D 场景中的摄像机，就要对摄影知识有一定的了解，要在具体应用中多加实践，如图 6.6 所示是位"会议室"，是在 3ds Max 场景中放置的目标摄像机，注意在顶视图打灯，并要同时在 3 个视图中调整，然后选择透视图，按 C 键切换成摄像机视图（最好在开始建模时就放好摄像机，这样画面比较稳定，也便于观察）。

图 6.5

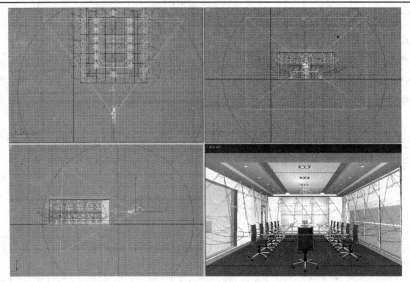

图 6.6

6.3　渲染的类型及基本方法

渲染是通过显示着色面来表示 3D 模型的过程，也可以说是从模型生成图像的过程。三维场景中的模型包括几何图形、观察点、材质、贴图以及照明等信息。在整个建模过程中，渲染是最后一项重要的环节，只有通过渲染输出才能得到模型与动画的最终显示效果。如图 6.7 所示设置渲染参数和渲染方式。

1.　渲染的基本过程

首先，必须定位三维场景中的摄像机，摄像机的位置相当于观察点，摄像机的视野决定了渲染的范围，光源对物体的影响要通过计算得到。许多三维软件都有默认的光源，否则，看不到透视图中的着色效果。因此，渲染程序就是计算场景中添加的每一个光源对物体的影响。渲染程序要计算大量的辅助光源。在场景中，有的光源是全局照明，有的光源只照射某个物体，这样又增加了机器的运算负荷。采用深度贴图阴影还是光线追踪阴影取决于在场景中是否使用了透明材质的物体。另外，使用了面积光源之后，渲染程序还要计算一种特殊的阴影——软阴影（只能使用光线追踪），场景中的光源如果使用了光源特效，渲染程序还将花费更多的系统资源计算特效的结果，特别是体积光，它会占用大量的系统资源，尽量不使用。

渲染程序要根据物体的材质计算物体表面的颜

图 6.7

色，材质的类型不同，属性不同，纹理不同都会产生不同的效果。而且，这个结果不是独立存在的，它必须和前面所说的光源结合起来。如果场景中有粒子系统，比如火焰、烟雾等，渲染程序都要运算。

2．3ds Max 的渲染工具

3ds Max 的渲染设置可以通过工具栏上的"渲染"按钮打开渲染设置面板，也可以通过 render（渲染）菜单打开渲染设置面板。在指定渲染器卷展栏中可以单击相应的按钮，选择不同的渲染工具，如图 6.8 所示。

3ds Max 提供了几种渲染工具，默认的方式有 3 种：默认扫描线渲染器、mental ray 渲染器、VUE file 渲染器。默认扫描线渲染器是最基本的渲染器，也是初学 3ds Max 必须掌握的渲染工具。

3．默认扫描线渲染器

当以产品级别渲染场景并使用默认扫描线渲染器时，渲染对话框中的标签面板就是默认情况下显示的标签面板，如图 6.9 所示。

（1）Render 标签面板。该面板只包含一个 Default Scanline Renderer（默认扫描线渲染器）卷展栏，在这里可对默认扫描线渲染器的参数进行设置。

图 6.8　　　　　　　　　　　　　　　　图 6.9

（2）Options（选项）选项组。测试渲染时常使用这些选项以节约渲染时间。

1）Mapping 贴图：如果未选中该复选框，渲染的时候将不渲染场景中的贴图。

2）Shadows 阴影：如果未选中该复选框，渲染的时候将不渲染场景中的阴影。

3）Auto-reflect/Refract and Mirrors：如果未选中该复选框，渲染的时候将不渲染场景中的 Reflect/Refract Maps 贴图。

4）Force WireFrame（线框方式）：如果选中该复选框，场景中的所有对象将按线框方式渲染。可以在 Wire thickness 后的数值框中调整线框的粗细。

5）Enable SSE：选中时将开启 SSE 方式，若系统的 CPU 支持此项技术，渲染时间将会缩短。

6）Wire Thickness：控制线框对象的渲染厚度。

（3）Anti-Aliasing（反走样）选项组。该选项组控制反走样设置和反走样贴图过滤器。

1）AntiAliasing 反走样：该复选框控制最后的渲染图像是否进行反走样。反走样能够使图像中由于颜色变化产生的参差不齐的边缘变得光滑。

2）Filter Maps（贴图过滤器）：该复选框用来打开或者关闭材质贴图中的过滤器选项，它可以禁用极大占用计算机资源的过滤材质贴图。

3）Filter 过滤器下拉列表框：3ds Max 提供了各种各样的过滤器，每个过滤器的效果各不相同。使用的过滤器不同，最后的反走样效果也不同。通过调整反走样过滤器参数，可以得到独特的反走样效果。

4）Filter Size：调节为一幅图像应用的模糊程度。

根据过滤器的不同，在 Filter Size 的下方还可能出现附加的过滤器参数。

（4）Global SuperSampling（全局超级采样）选项组。

1）Disable all Samplers（取消所有样本）：选中这个复选框后将不渲染场景中的超级样本设置，加速测试渲染的速度。

2）Enable Global Supersampler（打开全局超级采样）：选中时，对所有材质应用同样的超级采样。若不选中此项，设置了全局参数的材质将受渲染对话框中设置的控制，此时本选项组中除 Disable all Samplers 外的选项将不可用。

3）Supersample Maps（超级采样贴图）：打开或关闭对应用了贴图的材质的超级采样，默认为开启，当进行渲染测试，需要提高渲染速度时可以选择关闭。

（5）Sampler 下拉列表框：选择采样方式。

（6）Object Motion Blur（对象运动模糊）选项组。这个选项组用来全局地控制对象的运动模糊。在默认状态下，对象没有运动模糊。必须在 Object Properties 对话框中设置 Motion Blur 选项，再在此设置才有效。此种类型的模糊化不受摄像机移动的影响。

1）Apply：打开或者关闭对象的运动模糊。

2）Duration frames （持续时间）：设置摄像机快门打开的时间。

3）Samples（样本）：设置 Duration Subdivisions 之内渲染对象取样并显示个数。

4）Duration Subdivisions（持续细分）：设置持续时间内对象被渲染的份数。

5）Samples 的值小于等于 Duration Subdivision 的值，最大值为 32，值相等时模糊化的效果最为光滑。

（7）Image Motion Blur（图像运动模糊）选项组。Image Motion Blur 根据持续时间模糊对象，必须先在 Object Properties 对话框中设置 Motion Blur 选项。但是 Image Motion Blur 作用于最后的渲染图像，而不作用于对象层次，而且应当在图像已经被渲染之后使用。这种类型的运动模糊的优点是受摄像机运动的影响。它的做法是根据不同对象之间的相互运动，成比例的模糊图像。

对于改变形状结构的对象不能使用图像运动模糊。由于是在渲染后应用图像运动模糊，对于重叠的对象应用图像运动模糊会产生间隙。为了解决这个问题，可以先单独为每个对象进行运动模糊渲染，再在 Video Post 视频后处理中用 Alpha 通道合成器把对象合成在一起。此外，部分面片设置有动画的 NURBS 对象和应用 Displacement Material（置换材质）的对象不能使用图像运动模糊。

1）Apply：打开或者关闭图像的运动模糊。

2）Duration（frames）（持续时间）：设置摄像机快门打开的时间。

3）Transparency（透明）：选中时，运动模糊能够正确应用到重叠的透明物体上，但会增加渲染时间。

4）Apply to Environment Map（应用给环境贴图）：选中这个复选框后将模糊环境贴图，在背景上产生模糊化的效果。但要注意在 Screen-mapped（屏幕贴图）环境下，图像运动模糊将不会有效果。

（8）Auto Reflect/Refract Maps（自动反射/折射贴图）选项组。唯一的设置是 Rendering Iterations（渲染迭代数值框）。该数值决定在 Reflect/ Refract Map 中使用 Auto 模式后，在表面上能够看到的表面数量。数值越大，越多的对象会被包括在反射的计算中，反射效果越好，渲染时间越长。

（9）Color Range Limiting（颜色范围限制）选项组。

1）当采用过滤器时可能会导致颜色过亮，颜色范围限制提供了两种修正颜色亮度的方法，处理超出最大和最小亮度范围的颜色。

2）Clamp：该单选按钮将颜色数值大于 1 的部分改为 1；将颜色数值小于 0 的部分改为 0；0～1 之间的颜色不变。

3）Scale：该单选按钮缩放颜色数值，以便所有颜色数值都在 0～1 之间。

4）Memory Management（内存管理）选项组。

5）Conserve Memory（节省内存）：选中此项时，渲染使用较少的内存，但渲染时间稍有延长。

（10）Render Elements 标签面板。该面板只包含一个 Render Elements（渲染元素）卷展栏。使用 Render Elements 卷展栏可以灵活地控制合成的各个方面。它可以将每个元素想象成一个层，可以将高光、漫射、阴影和反射等元素分别进行单独渲染并可以保存在文件中，这在制作特效图像时是非常有用的。当需要时也可以将渲染的元素合成在一起。例如，可以单独渲染阴影，然后再将它们合成在一起。下面介绍该卷展栏的主要内容。

1）Elements Active：当未选中这个复选框时，将不渲染相应的渲染元素。

2）Display Elements：选中该复选框后，在屏幕上显示每个渲染的元素。

3）Add 按钮：增加渲染元素，可以在这个对话框中增加渲染元素。

4）Merge 按钮：从其他 Max 文件中合并文件。

5）Delete 按钮：删除选择的元素。

（11）Selected Element Parameters（选中元素参数）选项组。该选项组用来设置单个的渲染元素，有如下选项。

1）Enable：这个复选框用来取消或者激活选择的元素。如果取消了该元素的激活，该元素将不被渲染。

2）Enable Filtering：这个复选框用来打开或者关闭渲染元素的当前反走样过滤器。

3）Name：用来改变选择元素的名字。

4）Files 按钮：默认情况下，当在 Common Parameters 卷展栏指定了渲染图像文件的名字时，保存渲染元素的文件名以渲染图像的文件名为前缀加上渲染元素的名字作为文件名，并且渲染的元素被保存在与渲染图像相同的文件夹中（例如，在 Common Parameters 卷展栏指定的渲染图像文件名字为 E:\image.jpg，要渲染的元素为 Specular，则保存渲染元素的路径和文件名为 E:\image_specular.jpg）。也可以使用这个按钮改变保存的文件夹和文件名。

（12）Output to Combustion（输出到 Combustion）选项组。在这个选项组中可以提供 3ds Max 与 Discreet 的 Combustion 之间的连接。

1）Enable：选中此复选框时，把渲染的元素生成一个 Combustion 工作台文件（CWS 文件），可以使用 Discreet 的 Combustion 软件编辑、处理此文件。

2）Files…按钮：为保存的 CWS 文件指定路径和文件名。

（13）Raytracer（光线跟踪标签）面板。该面板只包含一个 Raytracer Global Parameters（光线跟踪全局参数）卷展栏，可用来对光线跟踪进行全局参数设置，这将影响场景中所有光线跟踪类型的材质，如图 6.10 所示。

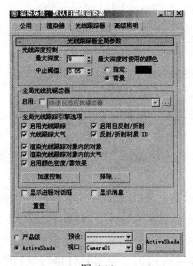

图 6.10

（14）Ray Depth Control（光线深度）选项组：光线深度是计算光线在物体之间反射的次数。

1）Maximum Depth（最大深度）：设置计算光线在两对象间反射/折射的最大次数。增大此值会使效果更加逼真，但是将加大渲染计算的时间。

2）Cutoff Threshold（终止阈值）：设置计算反射/折射的最小值，当小于此值时，将不再进行光线跟踪计算。

3）Color to use at Max Depth（最大深度时使用的颜色）：设置当光线跟踪达到设定的最大深度时，光线跟踪器返回的颜色。可以在 Specify 单选按钮后面的颜色框中设定返回的颜色；还可以选择 Background 单选按钮返回背景的颜色。

（15）Global Ray Antialiaser（全局光线反走样）选项组。

1）控制光线跟踪贴图或材质的全局反走样参数。选中 On 复选框后，可以在下拉列表框中选择反走样过滤器，共有两种。

2）Fast Adaptive Antialiaser（快速适应反走样）过滤器：在 Blur/Defocus（Distance Blur）选项组中，Blur Offset 用来调整反射/折射细节的模糊程度，Defocusing 根据对象距离表面的远近制造"散焦"效果（距离表面近的对象不被模糊，距离表面远的对象被模糊），Blur Aspect 用来调整模糊效果的高宽比，Defocus Aspect 用来调整散焦效果的高宽比。

3）Multiresolution Adaptive Antialiaser：在 Adaptive Control 选项组中，Threshold 用来控制适应算法的敏感程度，取值范围 0~1，为 0 时投射的光线最多，为 1 时投身的光线最少；Initial Rays 用来设定每个像素投射光线的初始数量，默认值为 4；Max.Rays 用来设定算法允许投射的最大光线数量，默认值为 32。

（16）Global Raytrace Engine Options（全局光线跟踪引擎选项）选项组。

1）Enable Raytracing：打开和关闭光线跟踪。

2）Enable Self Reflect/Refract（自身反射/折射）：是否打开对象自身的反射和折射。

3）Raytrace Atmoshperics（大气）：设置是否打开大气的光线跟踪效果。

4）Reflect/Refract Material IDs（反射/折射材质 ID 号）：选中时，此反射折射效果被指定到材质 ID 号上。

5）Render objects inside raytraced objects（对象内部光线跟踪）：选中时，对象内部的光线也将进行光线跟踪计算。

6）Render atmospherics inside raytraced objects（内部大气光线跟踪）：选中时，对象内部的大气也进行光线跟踪计算。

7）Enable Color Density/Fog Effects（颜色密度/雾效果）：是否打开颜色密度/雾效果。

8）Acceleration Controls 按钮：单击可打开 Raytracing Acceleration Paramcters 对话框，对光线跟踪场景渲染进行优化。Face Limit 设置一个网格对象被细分前所允许的最大面数，默认值为 10；Balance 设置细分算法的敏感度，增大此值将增强渲染效果，但会占用更多的内存，默认值为 4；Max.Divisions 设置网格的初始规格，值为 4 代表网格规格为 4×4×4，默认值为 30；Max.Depth 网络细分的最大限度，默认值为 8。

9）Exclude 按钮：单击可打开 Raytrace Exclude/Include 对话框，增加或减少进行光线跟踪渲染的场景对象。

10）Show Progress Dialog（显示进程对话框）：选中时，在渲染过程中将显示带有进度条的 Raytrace Engine Setup 窗口，默认为选中。

11）Show Messages（显示信息）：选中时，在渲染时将显示 Raytrace Message 窗口，指示光线跟踪引擎的相关信息，默认为关闭。

12）Reset 按钮：单击此按钮，将各选项恢复为默认值。

（17）Advanced Lighting 标签面板。该面板只包含一个 Select Advanced Lighting（选择高级光照）卷展栏。当选择 ActiveShade 级别时，渲染对话框中的标签面板与选择 Production 级别时相比少了 Render Elements 标签面板，其他参数均未改变。

4. 使用 mental ray 渲染器

Mental ray 渲染器是 Mental Images 出品的一个多用途渲染器，它可以模拟出非常真实的光照效果。与 3ds Max 默认的扫描线渲染器相比，它不需要手工设置参数或应用光能传递模拟复杂的灯光效果，而且针对多处理器和动画渲染进行了优化。使用 mental ray 渲染器时，桌面和后面墙壁上的全局光照效果更加明显。

5. 使用 VUE file 渲染器

当以产品级别渲染场景并使用 VUE file 渲染器时，渲染对话框中的标签面板共有 4 个，其中 Common、Raytracer 和 Advanced Lighting 3 个标签面板均与使用默认扫描线渲染器时相同，Render 标签面板包含了其特有参数，即 VUE File Renderer 卷展栏，使用此卷展栏可以创建一个 VUE（.vue）渲染文件。VUE 文件是可以编辑的 ASCII 格式的文本文件，它包括了渲染场景的一系列脚本命令。

Files 按钮用来为 VUE 文件指定路径和文件名，并在其后的文本框中显示出来。

6.4 效果图的输出

案例教学 1：给"农家体验区"场景加灯光、摄像机

1. 建立摄像机

打开场景"农家体验区"。在渲染时首先应当确定摄像机的位置，其实最好的方法是建模时就建立摄像机，这样方便观察视图。按下 T 键，切换到顶视图，选择 Target 目标摄像机，在适合的角度建立一个摄像机，如图 6.11 所示。选择透视图，按下 C 键，切换到摄像机视图，如图 6.12 所示。

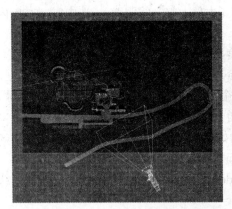
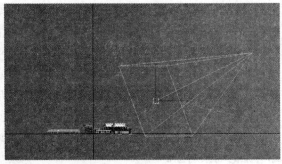

图 6.11

图 6.12

2．建立灯光

（1）主光源。在场景中放置一盏 Omni 自由灯，模拟太阳光，如图 6.13 所示。但明显场景中的背光部分，没受到光源的照射，所以，接下来还得添加辅助光源。

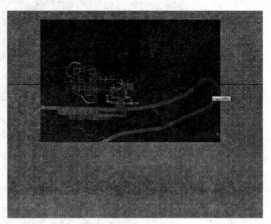

图 6.13

（2）辅助光。使用 Target spot（目标聚光灯）方法添加辅助光，辅助光的 Multiplier 强度倍增设为 0.2，如图 6.14 所示，然后旋转复制环形辅助光。这样整个场景就被照亮了，而且有主光源，效果如图 6.15 所示。

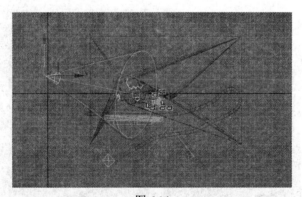

图 6.14

图 6.15

（3）适当调整灯光亮度，然后输出效果图，单击"渲染设置"按钮，在弹出的面板中设置需要渲染输出的尺寸，如图 6.16 所示。效果如图 6.17 所示。

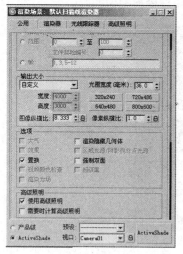

图 6.16

图 6.17

　　（4）最后为了配合后期处理，需要渲染一个单色通道，将不同的物体赋予单色材质输出，关闭所有的灯光，输出一张通道图，输出时保存为 TGA 格式，如图 6.18 所示。

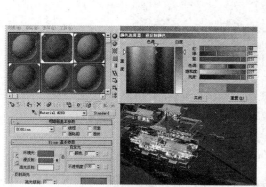

图 6.18

　　案例教学 2：用 Vray 插件为"农家体验区"场景渲染输出

　　VRay 光影追踪渲染器是 3ds Max 的一个外挂渲染插件。它有 Basic Package 和 Advanced Package 两种包装形式。Basic Package 具有适当的功能和较低的价格，适合学生和业余艺术家使用。Advanced Package 包含有几种特殊功能，适用于专业人员使用。

　　Basic Package 软件包提供了真正的光影追踪反射和折射；平滑的反射和折射；半透明材质用于创建石蜡、大理石、磨砂玻璃；面阴影(柔和阴影)；包括方体和球体发射器；间接照明系统（全局照明系统）；可采取直接光照和光照贴图等方式。

　　用 Vray 插件对"农家小鸟瞰图"场景（图 6.19 所示）进行渲染输出。

图 6.19

1. 效果图天空的制作

在 3ds Max 中制作天空贴图，采用制作一个球体的方法，首先打开场景文件"农家体验区小鸟瞰"场景，在场景中添加一个 sphere 球体，大小要基本覆盖整个场景，然后把球体转换成 Poly 多边形物体，删除下半部分，适当下移半球，如图 6.20 所示，从素材库中将"天空.jpg"素材赋予该半球体，如图 6.21 所示，但这时贴图在球体外面，我们需要球体在半球的内部，在修改面板中选中半球的所有面，进行反转法线操作，如图 6.22 所示。

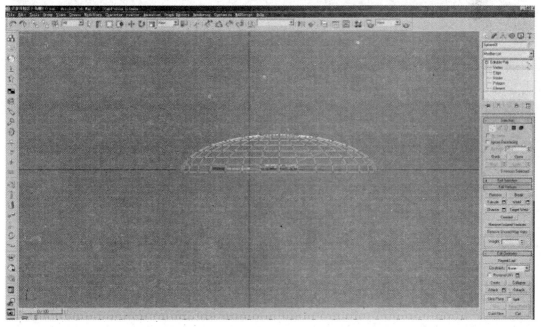

图 6.20

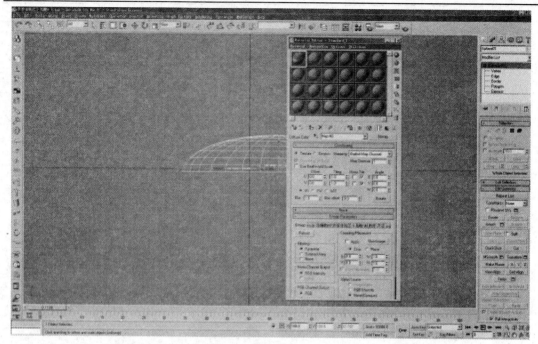

图 6.21

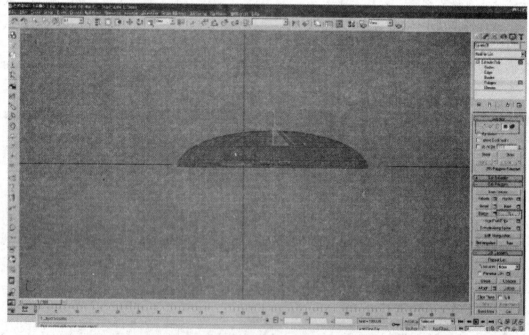

图 6.22

2. 设置渲染参数

选择"渲染设置"按钮，在 common 选项卡中选择 Assign renderer（指定渲染器）卷展栏，然后选择 Production 产品后的按钮，选择渲染器为 V-Ray Adv 1.5 RC3，如图 6.23 所示。

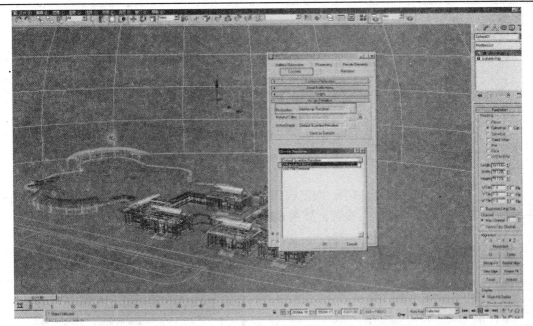

图 6.23

3. 渲染参数的设置

（1）因为采用 Vray 进行渲染，场景的反射、折射很强，需要降低灯光亮度，将原来的主光源调整为 0.4，并让灯光在球体范围内，如图 6.24 所示。

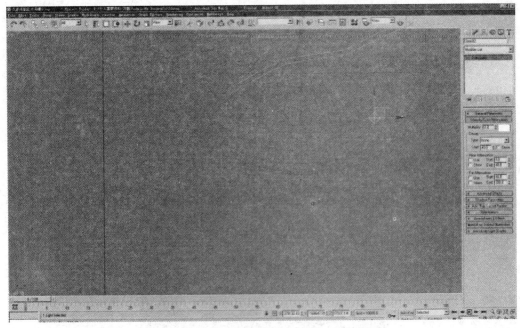

图 6.24

（2）然后在渲染窗口中单击 render 选项卡，进行参数设置，首先打开 Vray 缓冲区，如图 6.25 所示。

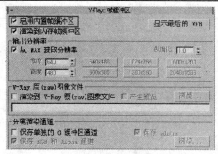

图 6.25

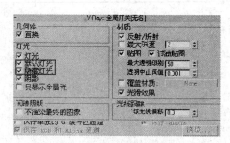

图 6.26

（3）在"全局开关"窗口中，取消选择"默认灯光"和"隐藏灯光"选项，如图 6.26 所示。开启"抗锯齿过滤器"设置，如图 6.27 所示。

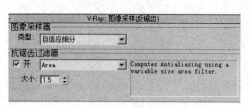

图 6.27

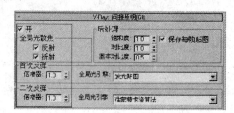

图 6.28

（4）在"间接照明"窗口中打开"反射"、"折射"选项，由于是外场景，强度不宜太大，"首次反弹"和"二次反弹"均保持默认即可，如图 6.28 所示。"发光贴图"窗口中，"当前预置"选择中，如图 6.29 所示。

（5）在"环境"窗口中，选择"全局光环境（天光）覆盖"和"反射/折射环境覆盖"选项，如图 6.30 所示，其他参数保持默认状态，最后效果如图 6.31 所示。

图 6.29

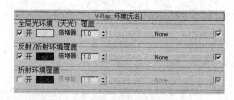

图 6.30

图 6.31

课堂练习：Vray 室内效果图的渲染及输出

打开"会议室"场景文件，对椅子效果图进行渲染与输出。

（1）打开场景文件"会议室"，如图 6.32 所示。使用最基本的输出方法渲染该场景。在这个场景中，有部分材质未赋，如玻璃，窗户框和地板等。

图 6.32

单击 Rander Scene Dialog 渲染设置按钮，在 common 中 Vray 渲染器，如图 6.33 所示，

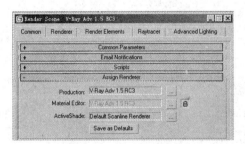

图 6.33

（2）调节灯光。因为 Vray 中设置了大量的反射贴图方式，所以一般场景中灯光会要求比较暗，在普通场景中，灯光亮度都减低的一般亮度值，如图 6.34 和图 6.35 所示。

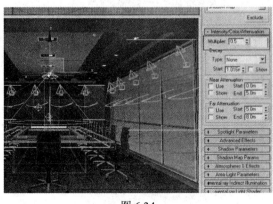

图 6.34

图 6.35

（3）设置地板材质。打开材质编辑器，选中一空白材质球，命名为地板材质，按下 Standard 按钮，选择 Vraymtl 材质，如图 6.36 所示，设置漫反射贴图，在材质选择器中选择 Bitmap 类型，在素材文件夹中选择"新雅米黄-1.jpg"贴图。然后设置反射和折射度为深灰色，如图 6.37 所示。最后效果如图 6.38 所示。

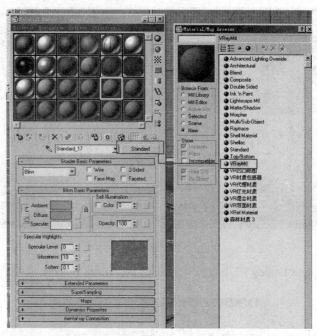

图 6.36

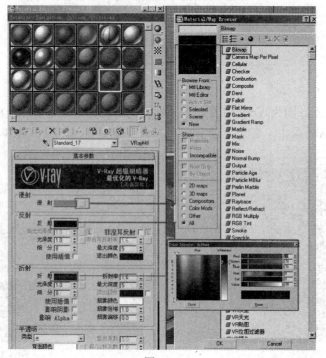

图 6.37

图 6.38

（4）两侧玻璃材质的设置。选择两侧的玻璃材质，打开材质编辑器，给玻璃赋予一个新的材质球，并命名为玻璃材质，然后调节其反射度和折射度，参数如图 6.39 所示，效果如图 6.40 所示。

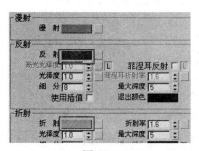

图 6.39　　　　　　　　　　　　　　　　　　　图 6.40

（5）木头材质的设置方法和地板差不多，贴图使用素材中的"橡木.jpg"。效果如图 6.41 所示。

图 6.41

（6）现在明显感到环境材质的质感不强，在测试输出时再进行相应的设置。在"全局开关"窗口中取消"默认开关"选项，选择"不渲染最终的图像"选项，这样可以加快测试时的渲染速度，如图 6.42 所示。

1）图像采样器类型设置为"自适应细分"，如图 6.43 所示。

图 6.42　　　　　　　　　　　　　　　　图 6.43

2）打开间接照明开关，如图 6.44 所示。

3）发光贴图设置自动保存，这样也可以增加渲染速度。"内建预置"设置为"非常低"，如图 6.45 所示。

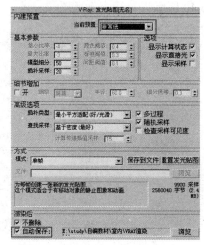

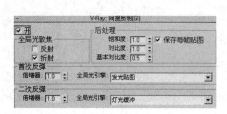

图 6.44　　　　　　　　　　　　　　　　图 6.45

4）灯光缓冲细分值设置为 200，并选择渲染后"自动保存"选项，以备下次渲染时调用，如图 6.46 所示。

5）打开全局环境，如图 6.47 所示。

图 6.46　　　　　　　　　　　　　　　　图 6.47

6）最后效果如图 6.48 所示。

图 6.48

（7）输出的最终效果图需要更改画面尺寸，取消全局渲染中的"不保存最终渲染图像"选项。最后渲染输出。

本 章 小 结

渲染是园林效果图中比较重要的环节，好的效果图通过建模、材质、贴图、灯光等的优化设置以及渲染输出就有了一定的效果，在渲染时要分清哪些部分是在 3ds Max 中完成，哪些部分是在后期 Photoshop 中完成，在渲染时要知道如何同后期制作人员配合。

另外，Vray 是绘制园林建筑设计效果图最常用的插件，它的特点是渲染效果好，速度相对较块，而且内部有很多内置的材质、灯光。

第7章 园林景观效果图综合案例

7.1 案例分析及规划设计说明

本案例为成岳仙果庄园的总体布局，在规划构思的指导下，结合现存景观特点进行合理规划布局，该庄园可概括为"二园五区"。"二园"是指高效生态农业园和四韵园；"五区"分别为寺庙朝圣区、观果采摘区、科普实验区、农家体验区、山林或果林抚育区。各区域从景观特征、空间地域、技术控制指标、环境条件、旅游组织等方面体现不同的特点和规划要求，以利于规划建设科学合理、用地规划调整及保护。各部分具有相对独立性，同时又密切相关，从而为现有景观规划建设和分期有序的开发奠定基础条件。

根据设计意图，要完成从 CAD 平面图到 3D 场景建模，再到 Photoshop 后期效果处理等一系列工作。

7.2 绘制 CAD 平面图

根据地形图和甲方提供的数据制定比例和尺寸，在 CAD 软件中设置单位并进行园林景观平面图的设计。

（1）首先导入指定的地形图，按一定比例进行缩放，用异色线框表示出所要规划的区域，并依据现有地形图和实测数据，将原有公路和建筑描绘出来，规划区域如图 7.1 所示。

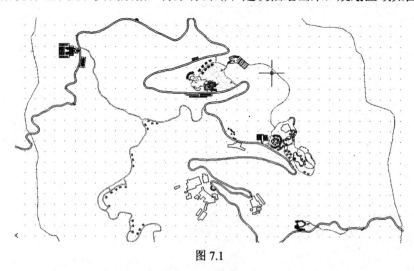

图 7.1

（2）对整个地形图进行详细的分析，综合该地的人文、气候等条件，初步确定设计方向。明确 4 个主要游览区，对 4 个区域进行实地分析，在原有设计的基础上，作出自己的新设计，如图 7.2～图 7.5 所示，依次为 4 个区域的新设计。

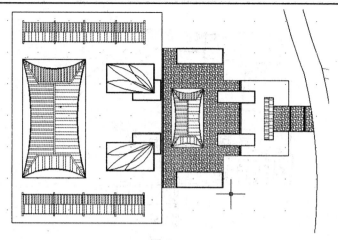

图 7.2

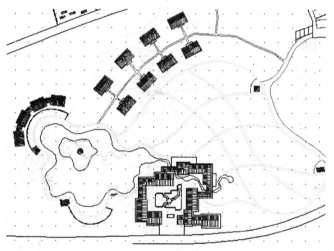

图 7.3

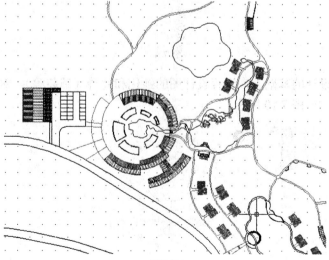

图 7.4

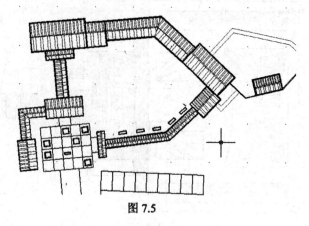

图 7.5

（3）确定水体和旅游路线，水体和旅游路线如图 7.6 所示。

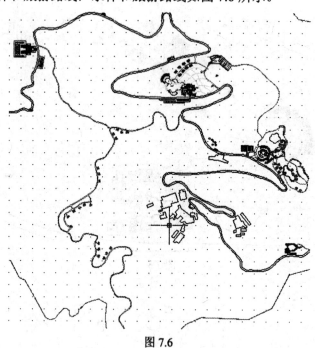

图 7.6

（4）在大体设计的基础上，进行设计图的细化和完善（铺装等）。对细小部分进行确定和绘制，如图 7.7～图 7.10 所示。

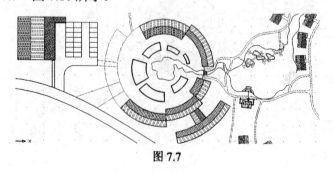

图 7.7

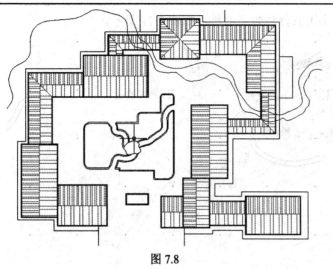

图 7.8

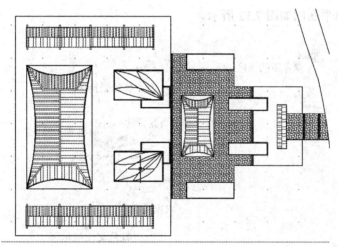

图 7.9

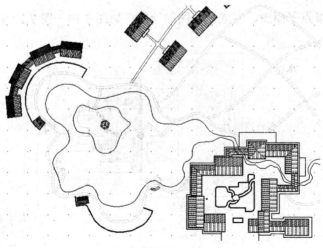

图 7.10

（5）利用文字工具标注景点名称，如图7.11所示。

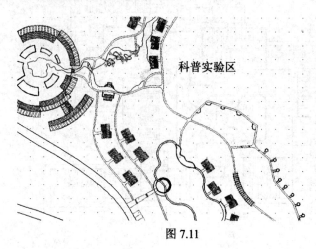

图7.11

（6）设计总平面图如图7.12所示。

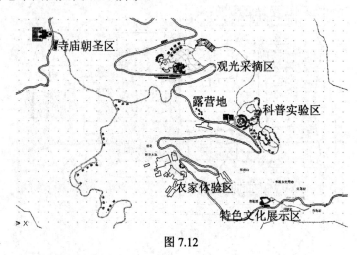

图7.12

（7）扩大各景点平面图，完成平面图的绘制，如图7.13～图7.17所示。

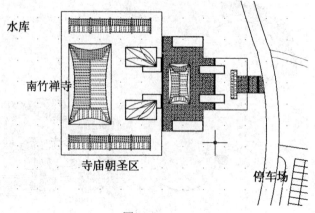

图7.13

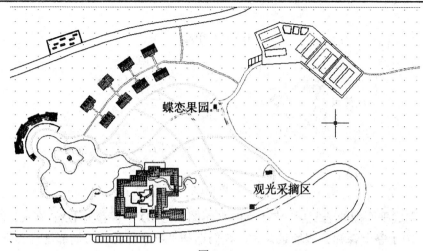

图 7.14

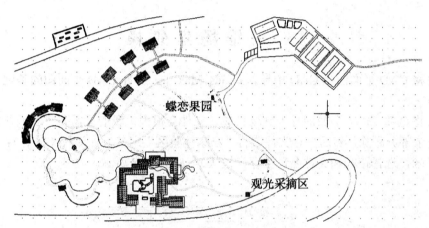

图 7.15

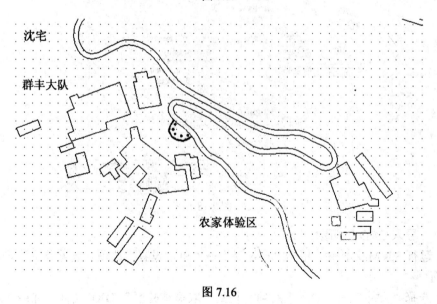

图 7.16

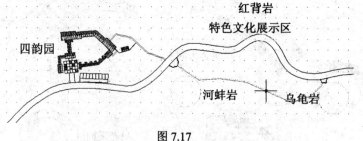

图 7.17

（8）完成平面图的绘制后，将所有的平面图在 CAD 中保存为 DXF 格式，命名为"森林公园"，由于整个森林公园场景太大，我们选择"农家体验区"局部进行三维效果图的制作。

7.3　三维场景建模

学习将 CAD 平面图从 CAD 中导入到 3ds Max 中，并在 CAD 平面图的基础上进行三维建模。

如果将全部 CAD 平面图导入到场景中，文件会很大，我们只需要"农家体验区"部分，将其余部分删除，然后另存文件或将"农家体验区"定义为外部块（按下 W 键，选择单位为毫米，选择路径和文件名，保存该模块），如图 7.18 所示。

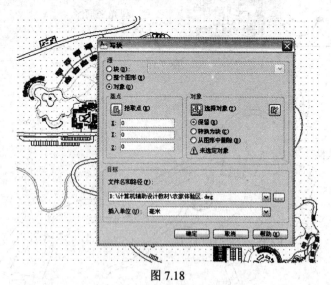

图 7.18

（1）导入 CAD 平面图。

1）运行 3ds Max 软件，单击"自定义"→"单位设置"选项，设置单位为毫米，如图 7.19 所示。

2）选择"文件"→"导入"选项，找到"农家体验区".DXF 文件，如图 7.20 所示。

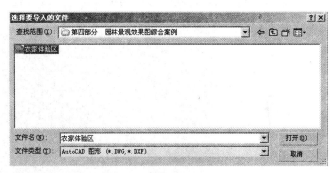

图 7.19　　　　　　　　　　　　　　　　　　图 7.20

3）在"导入选项"对话框中有很多参数，根据需要进行选择。如图 7.21 所示。

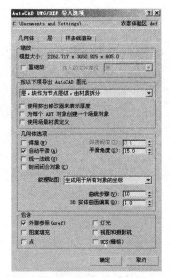

图 7.21

4）导入到 3ds Max 中的场景图与原 CAD 平面图，如图 7.22 所示。

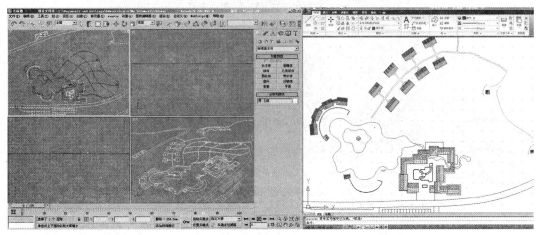

图 7.22

（2）用 line 工具将湖的形状画出来，画直线时拖动形成贝塞尔曲线，如图 7.23 所示。

图 7.23

选择"拉伸"命令给它一个厚度，将拉伸值设置为 50mm，如图 7.24 所示。

图 7.24

（3）用 Plane 工具画一个平面，作为地形，然后使用复制工具复制一个湖面，再使用 Boolean 布尔运算命令将湖面从地形中减掉，如图 7.25 所示。

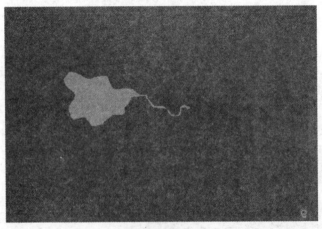

图 7.25

（4）绘制路面。在 3ds Max 中，可以使用 CAD 中的平面图通过拉伸命令生成三维模型，比如墙体的拉伸等。按 F3 键显示线框，选中路面，如果线条不封闭，应当在修改面板里将路面端点连接起来，如图 7.26 所示。

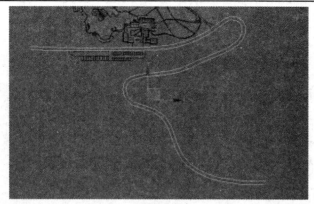

图 7.26

1）将所有的端点通过 Weld 焊接命令焊接起来，如图 7.27 所示。

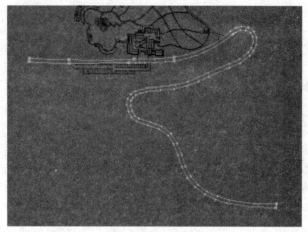

图 7.27

2）然后进行 Extrude 拉伸，设置厚度为 50mm，效果如图 7.28 所示。

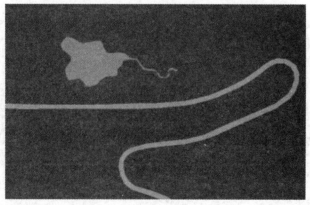

图 7.28

（5）切换到透视图，可以发现路面和湖面的高度明显不符合实际地形情况，如图 7.29 所示，需要将湖面降低，路面要稍高于地形，调整后如图 7.30 所示。路面和地形可以使用对齐命令进行对齐。

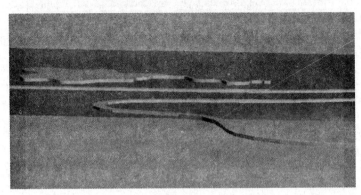

图 7.29

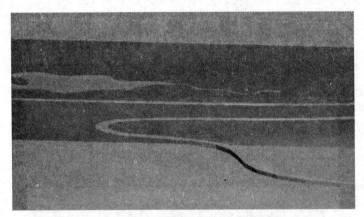

图 7.30

（6）由于地形缺乏厚度，湖面和地形出现了镂空，需要增加地形的厚度以解决存在的问题。选中地形，在 Modify（修改）面板中加入 Edit poly（多边形编辑）命令，切换到边缘线级别，使用 Extrude（拉伸）命令，给地形一定的厚度。最后效果如图 7.31 所示。

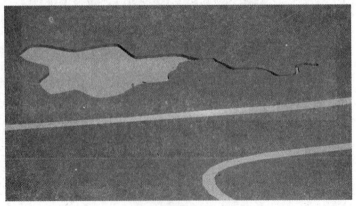

图 7.31

（7）采用同样的方法建立其他地形，并进行材质设置，最后效果如图 7.32 所示。

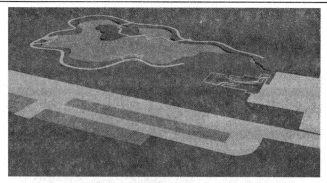

图 7.32

（8）运用 3ds Max 中的工具进行建筑建模（需要详细的建筑平面图、立面图），如图 7.33 和图 7.34 所示。然后渲染、输出为 4000×3000 像素的静态图片，如 TGA（带通道的存储）、JPG（有损压缩）、TIF（无损压缩）等格式。命名为"农家体验区"。

图 7.33

图 7.34

7.4 效果图的后期处理

将 3ds Max 渲染后的图片在 Photoshop CS 中打开，完成最后的效果处理。本案例最终效果如图 7.35 所示。

图 7.35

在 Photoshop CS 中进行效果图的后期处理，重点掌握图片的选取、抠图等，本章主要使用多边形选框、矩形选框、魔术棒工具、色彩范围等命令进行图片选取，移入渲染图进行图像编辑，然后使用变换、仿制图章、填充等命令完成最后处理。

鸟瞰图场景制作是为了更真实地模拟整个环境。利用 alpha 通道提取鸟瞰用图，然后为其添加背景、植物、水体、人物等配景。

7.4.1 制作绿化草地

（1）启动 Photoshop，打开"农家体验区"图像文件。在通道中按住 Ctrl 键，同时单击 apha1 通道，载入选区，如图 7.36 所示。回到图层面板，按 Ctrl+J 组合快捷键，将选区内容新建到图层，命名为"背景副本"，如图 7.37 所示。

图 7.36

图 7.37

（2）单击"选择"→"色彩范围"选项，打开"色彩范围"对话框，在"选择"下拉
列表中用吸管选中绿色，然后加选，其他参数如图 7.38 所示。确定后，绿色区域被选中，
按 Ctrl+J 组合快捷键新建图层，改名为"草坪"，如图 7.39 所示。

图 7.38

图 7.39

（3）打开草坪素材文件，如图 7.40 所示，拖动至"农家体验区文件"内，调整其大
小，按住 Ctrl 键，同时单击草坪图层，反选，按 Delete 键，然后按 Ctrl+E 组合键合并图层，
如图 7.41 所示。

图 7.40

137

（4）打开素材的背景图片文件，如图 7.42 所示，将其拖动到"农家体验区文件"内，运用仿制图章工具进行处理，如图 7.43 所示。

图 7.41

图 7.42

图 7.43

（5）打开素材的房屋图片文件，复制到"农家体验区文件"内，打开"色相/饱和度"命令进行颜色调整，然后复制多个，按照近大远小的效果进行缩放、移动，摆放时注意整体布局，如图 7.44 所示。

图 7.44

7.4.2　添加植物配景

（1）打开素材中的"树 1"文件，如图 7.45 所示，利用通道选取该树，复制到农家体验区文件中，按照近大远小的效果进行缩放、移动，并制作阴影。如图 7.46 所示。

图 7.45

图 7.46

（2）打开素材的树木文件，如图 7.47 和图 7.48 所示，选取这些树，按照上一步的方法继续添加树木，如图 7.49 所示。

图 7.47

图 7.48

图 7.49

7.4.3 制作池塘效果

（1）打开素材中的"水体"图片，如图 7.50 所示，抠出水面，并添加到体验区文件中，运用仿制图章、色相/饱和度等工具进行处理，如图 7.51 所示。

图 7.50

图 7.51

（2）打开素材中的"水石 1""水石 2"等图片，如图 7.52 所示，选取部分石头，复制到体验区文件中，将其移动到池塘的适当位置，并进行适当处理，使其融入环境，如图 7.53 所示。

图 7.52

图 7.53

（3）制作树木的倒影。选取水面上方的树木，并进行复制，运用变换工具将其转换成倒立的树，运用色相/饱和度、曲线工具把倒影变暗、变淡，然后运用滤镜、波纹、模糊等工具进行处理，如图7.54所示。

图7.54

（4）打开素材中的"水生植物""荷花"等图片，如图7.55所示，选取并移动到适当的位置，进行相应的处理并为其制作倒影，如图7.56所示。

图7.55

图7.56

（5）水景区总效果如图7.57所示。

图7.57

7.4.4　其他场景制作

（1）继续为该场景添加花卉、人物、汽车、飞鸽，对添加的对象要进行真实性的处理，如图 7.58～图 7.63 所示。

图 7.58

图 7.59

图 7.60

图 7.61

图 7.62

图 7.63

（2）整体效果处理。注意画面整体氛围的营造，这一环节审美意识至关重要，最后的效果处理是制作者技术性与艺术修养的完美结合，体现的是制作者的综合素质。

（3）至此完成了整个效果图的绘制，如图 7.64 所示。

图 7.64

本 章 小 结

　　本章重点讲解了园林效果图的制作流程，以及如何在几个图形软件之间进行文件格式的转换。一幅优秀的效果图，不是仅仅掌握了技术和流程就能做得到的，它需要制作者具备专业知识和艺术修养等综合素质。学完本章后，要求大家能够独立制作效果图，同时自觉吸收多方面的知识，养成良好的学习习惯，做到举一反三、触类旁通，并在实际工程项目的设计制作中运用不同的技术与艺术表现手段，达到非凡的视觉效果。